변화에 강한 아이는
놀이 지능이 다릅니다

일러두기

* 이 책에 나오는 아이의 나이는 상황에 따라 만 나이와 세는 나이로 구분하여 표기했음을 밝힙니다.

변화에 강한 아이는 놀이 지능이 다릅니다

3~7세 아이를 성장시키는 놀이 지능의 비밀

장서연 지음

whale books

오늘의 놀이가
아이의 내일을 만듭니다

제가 연세대학교 어린이생활지도연구원에서 처음 담임 교사로 근무를 하던 해는 2009년이었습니다. 대학교나 대학원 시절에 보조 교사 역할로 그 전부터 일은 시작했지만, 처음 담임을 맡았던 때라 그런지 우리 반이었던 아이들이 굉장히 선명하게 기억에 남아 있습니다. 지금 그 아이들은 모두 성인이 되었는데, 그중 유독 놀이공원과 일본 애니메이션에 등장하는 캐릭터를 좋아하던 한 아이가 떠오릅니다. 교실에서 어떤 놀이를 해도 그 아이는 자기가 하고 싶어 하는 놀이가 매우 분명했고, 그 놀이에 자기가 좋아하는 캐릭터를 활용했으며, 그 놀이에 집중하고 몰입하는 능력이 뛰어났습니다. 그만큼 열심히 놀다 보니 친구들이 하나둘 모여들어 그 아이가 시작한 놀이에 참여해 결국 교실 전체의 놀이가 된 적도 있었습니다.

그런데 얼마 전 공원에 운동하러 나갔다가 우연히 그 아이를 만났습니다. 7살이었던 그때의 웃음과 표정이 그대로 남은 채 몸만 훌쩍 커버린 모습이 지금도 생생합니다. 제가 어떤 공부를 하느냐고 물으니, "제가 일본 애니메이션을 좋아했던 거 기억나세요? 그 덕분인지 지금 일본에서 공부하고 있어요"라며, 일본에 대해 더 알고 싶어서 일본으로 대학을 간 이야기와 앞으로의 계획을 7살 시절의 그 반짝이는 눈빛으로 말했습니다. '놀이를 스스로 계획하고 주도했던 것처럼 인생도 그렇게 살아가고 있구나'가 온몸에서 느껴졌습니다. 내가 원하는 것이 분명하기에 새로운 변화나 환경은 큰 문제가 아니라는 이야기를 들으며 '역시 잘 놀더니 놀이를 통해 다양한 능력을 잘 키웠구나. 그래서 변화도 두려워하지 않는구나'라는 생각이 들었습니다. 그러고 나서 아이의 끊임없는 호기심을 놀이로 연결해줬던 아이의 어머님이 떠올랐습니다. 연구원을 졸업한 이후에도 아이의 흥미를 인정해주고, 아이가 무엇을 하고 싶은지 스스로 결정하고 나아갈 수 있도록 지지해주는 모습들이 눈앞에서 펼쳐졌습니다.

그때부터 지금까지 저는 16년째 다양한 방식으로 놀이를 통해 아이들과 부모님을 만나고 있습니다. 아이 교육만 해도 디지털 교과서, 교육용 AI 등 해가 갈수록 세상이 빨리 변화하고 있음은 누구나 느끼지만, 아이와 부모 모두 이러한 변화 속에서 해결책을 찾는 과정은 점점 더 어려워 보입니다. 지금 유아 시기를 보내고 있는 아이들은 앞으로 살아가면서 더 커다란 변화 속에서 흔들림 없이 더 강하게 소신을 지키고 자신에게 적절한 선택을 해야 하는 순간들을 많이 마주할 것입니다. 내가 무엇을 원하는지, 무엇이 중요한지를 잘 알아야 어떠한 변화의 순간에도 적절한 선택을 하고 역량을 펼쳐나갈 수 있습니다. 그러기 위해서 저는 아이들이 제대로 된 놀이를 통해 스스로 욕구를 인지하고 더 나은 방법을 선택하며 결정하는 과정을 수없이 반복해야 한다고 생각합니다. 주어진 시간표대로, 누군가의 지시에 따라, 정해진 답을 찾는 과정은 아무런 도움이 되지 않습니다. 놀이를 통해 변화에 강한 아이로 자랄 수 있도록, 놀이를 통해 미래에 필요한 역량을 키울 수 있도록, 즉 '놀이 지능'이 남다른 아이로 커나갈 수 있도록 도와줘야 합니다.

우리나라 부모들은 아이가 태어나는 그 순간부터 사교육에 돈과 시간을 투자합니다. 심지어 아이가 말만 시작해도 무언가를 가르치고 싶어 하며, 다양한 경험을 핑계로 놀이학교, 문화센터, 학원 등 지시에 따르고 답을 찾아야 하는 기관으로 아이를 보냅니다. 다소 멀리 떨어진 이야기일 수도 있지만, 지속적인 출산율 저하로 인해 아이 한 명, 한 명이 최대한의 능력을 발휘해야 하는 이 시점에서 이토록 아이들이 소중한 시간을 낭비하고 있는 현실이 저는 안타깝다 못해 화가 날 지경입니다. 사교육, 선행 학습, 결과 중심의 교육 등 남들이 다 하는 것이 정답이고, 이를 따라가지 않으면 내 아이가 뒤처질 것만 같은 불안함을 느끼는 부모님들의 마음을 모르지 않습니다. 충분히 압니다. 그렇기 때문에 저는 더욱더 '놀이'가 주는 힘을 더 많은 사람들에게 이야기하고 싶습니다.

사실 저는 이 책에 '놀이 지능'이라는 말을 사용하기까지 많은 고민을 했습니다. '놀이'는 잘하고 못하고 순서가 없는 행위 그 자체이고, '지능'은 높고 낮음의 순서가 있는 개념이라, 양립하는 용어를 같이 사용하는 것에 대해 몇 번이고 깊이 생각했습니다. 당연히 놀이는 지능처럼 높고 낮음의 수치로 평가할 수 없습니다. 하지만 놀이를 통하면 우리가 지능이라고 여기는 다양한 능력이 분명히 발달합니다. 그래서 제가 16년간의 연구와 임상에서 찾아낸, 놀이를 통해 발달하는 창의적 사고력, 의사소통 능력, 협동 능력, 비판적 사고력, 자기 조절력, 자신감, 미디어 조절력의 7가지 능력을 '놀이 지능'이라 정의하여 놀이의 중요성을 강하게 이야기하고자 합니다. 아이의 성장에 꼭 필요한 7가지 놀이 지능을 놀이를 통해 발달시킬 수 있음을 이해하고, 우리 아이를 지금 시대에 가장 필요로 하는, '변화에 강한 아이'로 키워내는 가장 효율적인 방법으로써 놀이를 적극적으로 활용하면 좋겠습니다.

1장에서는 놀이 지능을 본격적으로 다루기에 앞서 놀이에 대한 근본적인 이야기를 꼭 하고 싶었습니다. "저는 아이랑 열심히 놀이하고 싶어서 준비를 많이 하는데 아이는 왜 잘 놀지 못할까요?", "놀이가 중요하다는 것은 알겠는데, 그래서 어떻게 놀아야 하는지 잘 모르겠어요"라고 고민하는 분들이라면 먼저 놀이에 대한 올바른 이해가 필요합니다. 놀이는 부모인 내가 무엇인가를 주려는 마음에서 시작하면 실패할 확률이 크기 때문에, 놀이에 대한 이해를 통해 아이에게 온전히 주도권을 넘기고 여유롭게 놀이를 즐겼으면 합니다.

그래서 1장에서는 놀이에 대한 부모의 고민, 아이의 놀이 환경과 분위기, 놀이의 속성 등을 다루고, 부모가 놀이에 대해 오해하고 있는 부분이 무엇인지, 놀이할 때 부모는 어떤 역할을 해야 하는지에 대한 이야기를 밑바탕 삼아 놀이 지능을 소개했습니다.

2장에서는 1장에서 놀이 지능이라 정의한 7가지 능력이 각각 왜 중요하고, 그 능력을 키워주기 위해 부모가 어떤 태도를 보여야 하는지, 그리고 어떤 놀이로써 각 능력을 발달시킬 수 있는지에 대해 설명했습니다. 제가 이 책에서 언급한 7가지 놀이 지능은 유아 시기에 어느 학원에서도, 어떤 학습지로도 기를 수 없는 능력이며, 오직 아이가 스스로 하고 싶은 놀이에 주도적으로 참여하고 부모와 활발한 상호 작용을 할 때 자연스럽게 기를 수 있습니다. 아이가 스스로 잘할 수 있는 놀이 및 놀이 방법과 놀이에서 이뤄지는 상호 작용의 상황을 잘 전달하기 위해 16년간 연구하고 현장에서 겪었던 경험을 총망라했습니다.

이 책에 수록된 놀이는 기본적으로 아이의 놀이 지능 발달에 필요한 놀이, 가정에서 따라 하기 쉬운 놀이, 아이의 신체 및 정서 발달이 균형적으로 이뤄지도록 도와주는 놀이, 아이가 흥미를 보일 만한 놀이 등의 조건을 고려해 선정했습니다. 책 속의 놀이를 한다면 아무런 맥락 없이 "우리 ○○ 놀이하자!"라고 제안하지 말고, 아이가 놀이 주제에 흥미를 보일 때, 놀이에 관심을 보일 만한 시기에 자연스럽게 노출하는 것으로 계획해보세요. 이렇게 노력했는데도 아이가 전혀 호응하지 않는다면 절대 강요하지 말고 다시 노출하면 됩니다.

이때 놀이 속 상호 작용을 잘 기억했다가 아이와 함께하는 다양한 놀이 상황에서 응용해보는 것도 좋습니다.

소중하지 않은 아이는 없습니다. 부모는 소중한 내 아이를 위해 항상 노력하고 애씁니다. 오히려 아이를 잘 키우려는 마음, 아이와 잘 놀아주려는 마음이 부모를 힘들게 합니다. 시시각각 빠르게 변화하는 미래를 예측하며 내 앞가림만 하기에도 버거운데, 아이를 그 안에서 성공하는 인재로 키우려니 더 어렵습니다. 솔직히 미래는커녕 당장 오늘 아이를 씻기고 먹이고 재우는 하루를 보내고 훈육의 상황을 마주하면서 매 순간 지칠 때가 부지기수입니다. 저는 상담을 하거나 강연을 할 때마다 부모님들에게 잘하려는 마음을 내려놓으라고 이야기합니다. 그럴 수도 있다고, 다 똑같다고, 내 아이만 유별난 것이 아니라고 이야기합니다. 그러고 나서 가장 효과적인 해결책으로 '놀이'를 제안합니다.

아이를 잘 키우고 싶다면 다른 데 에너지를 쓰지 말고 이 책에 나오는 7가지 놀이 지능을 발달시키는 일주일 놀이법에 집중해보세요. 월, 화, 수, 목, 금, 토, 일… 하루하루 놀다 보면 세상의 흐름에 잘 적응하는 아이, 변화에 강한 아이로 키우는 일이 멀리 있지 않음을 분명히 알게 될 것입니다. 어른이 보기엔 사소한 놀이, 별거 아닌 놀이, 계속 반복되는 놀이 하나하나가 모여 아이는 성장해갑니다. 그 과정을 믿고 지지하는 부모가 되어주기를 진심으로 바랍니다.

차 례

1장
잘 노는 아이, 제대로 놀아주는
부모에게 숨겨진 비밀 ⟨·놀이 지능·⟩

2장
변화에 강한 아이는
노는 방법이 다르다 ·아이의 놀이 지능을 키우는 일주일 놀이법·

월요일

창의적 사고력 & 미술 놀이
"내 마음대로 자유롭게 표현할 수 있어요."

의사소통 능력 & 역할 놀이

"나와 다른 사람들을 살피는 힘을 키울 수 있어요."

협동 능력 & 감각·신체 놀이

"'나'에서 '우리'로 나아가는 몸과 마음을 만들 수 있어요."

비판적 사고력 & 수·과학 놀이

"'왜'와 '어떻게'를 가장 재미있게 배울 수 있어요."

금요일

자기 조절력 & 일상생활 놀이

"나의 행동과 감정을 조절할 수 있어요."

자신감 & 실외 놀이
"바깥으로 나가 놀며 용기를 연습할 수 있어요."

미디어 조절력 & 디지털 놀이

"새로운 세상을 경험할 수 있어요."

1장

잘 노는 아이, 제대로 놀아주는
부모에게 숨겨진 비밀

·놀이 지능·

지금, 우리 아이는
잘 놀고 있을까?

✦ 놀이할 시간이 없는 아이들 ✦

상황 1

24개월 ○○는 공룡 놀이를 가장 좋아합니다. 아침에 눈을 뜨자마자 공룡 피규어를 들고 거실로 나와 엄마에게 같이 놀자고 이야기합니다. 공룡이 사는 집이라고 블록을 세워놓고는 엄마에게도 한 마리 건네며 같이 놀자고 합니다. 그러나 엄마는 어린이집에 가야 할 시간이라며 빨리 신발을 신으라고 재촉합니다. 결국 ○○는 울면서 등원 준비를 합니다.

상황 2

50개월 □□는 놀이학교에 다닙니다. 수업이 끝나면 셔틀버스가 집 앞에 내려주는데, 그때마다 □□는 아파트 단지 내 놀이터를 가고 싶어 합니다. "엄마 나 놀이터에서 놀아도 돼?" 매일 같이 묻지만, 엄마는 "안 돼. 바로 영어 학원 버스 타야지!" 또는 "이제 수영하러 갈 시간이야"라며, 늘 그다음 학원 일정 때문에 놀이터에서 놀 시간을 주지 않습니다. 놀이학교가 끝난 후 영어, 수영 등 다른 학원을 다녀오고 나면 어둑어둑해져 곧 저녁을 먹을 시간이라 또 놀이터에서 놀지 못합니다.

요즘 아이들의 생활을 관찰해보면 제대로 된 놀이 시간이 별로 없습니다. 생후 12개월 전후로 어린이집에 가는 아이들이 점점 늘어나면서 부모와의 놀이 시간도 현저히 줄어들고 있습니다. 또 만 3세부터 아이들이 유치원이나 영어 학원(영어 유치원)에 다니기 시작하면서 빡빡한 시간표 안에서 생활하는 경우가 많습니다. 초등학교에 가면 문제는 더 심각해집니다. 예전처럼 하교 후 동네에서 어울려 노는 아이들은 거의 없으며, 대부분이 노란 셔틀버스를 타고 여러 학원을 돌다가 저녁이 되어서야 집으로 돌아옵니다. 지금, 우리 아이의 하루를 떠올려보세요. 정말로 '놀이'에 쓴 시간이 얼마나 되나요?

만 3세 ○○의 하루

am7:30~8:00	기상
am8:00~9:00	아침 식사 및 등원 준비
am9:00~pm3:30	놀이학교
pm4:00~5:00	학원(미술/발레/수영)
pm5:00~6:00	학원 다녀와서 씻고 잠시 휴식

pm6:00~7:00	저녁 식사
pm7:00~8:00	학원 숙제 또는 방문 학습지 수업
pm8:00~9:00	수면 준비

만 5세 □□의 하루

am7:30~8:00	기상
am8:00~9:00	아침 식사 및 등원 준비
am9:00~pm4:30	유치원(영어 유치원)
pm5:00~6:00	학원(피아노/태권도)
pm6:00~7:00	저녁 식사
pm7:00~9:00	학원 숙제 또는 방문 학습지 수업
pm9:00~10:00	독서 및 휴식
pm10:00~10:30	수면 준비

실제로 상담했던 아이들의 하루 시간표입니다. "집에서 노는 시간은 언제인가요?"라고 여쭤보니, "놀이학교에서 놀고 와요", "등원이나 셔틀 타기 전에 잠깐 놀이터에서 놀아요", "우리 아이는 학원에 놀러 가요. 미술이랑 태권도요. 아이가 너무 좋아해서 가는 거예요"라고 대답하시더군요. 그런데 사실은 이렇습니다. 놀이학교에서는 짜인 시간표대로 수업하기에 아이들이 놀이할 시간이 없고, 등원이나 셔틀 타기 전의 짧은 시간은 결코 충분한 놀이 시간이 될 수 없으며, 학원에서 정해진 주제로 그림을 그리거나 정해진 동작을 배우는 것은 놀이가 아닙니다. 우리 아이의 하루에 진짜 놀이 시간이 얼마

나 되는지 꼭 따져봐야 합니다. 지금, 우리 아이는 진짜 놀이를 하고 있나요? 만약 그렇다면 얼마나 하고 있나요?

✦ 가짜 놀이에 노출된 아이들 ✦

상황 1

48개월 ○○는 생일 선물로 받은 레고 놀이를 하는 중입니다. 레고 상자에 이미 완성된 작품의 사진이 있어서 "아빠, 이거 만들어줘"라는 말로 놀이를 시작했습니다. 아빠와 ○○는 작품 사진 속 경찰서를 만들기 위해 설명서를 보면서 순서대로 블록을 끼웠습니다. "2번까지는 이렇게 했고, 3번은 어떻게 할까? 3번에 필요한 블록을 찾아봐." 아빠와 ○○는 설명서에 나온 블록을 찾아 순서대로 끼우며 경찰서를 만듭니다.

상황 2

29개월 □□는 집에서 엄마와 놀이를 하고 있습니다. 점심 먹을 시간이 되어 엄마는 아이에게 "□□야, 엄마가 맘마 준비하고 올게. 여기(거실 매트 위)에서 놀고 있어"라고 말한 후 부엌으로 향합니다. 엄마가 놀면서 기다리라고 했지만 □□는 엄마를 따라갑니다. 엄마 발밑에 자리 잡은 □□는 싱크대를 열고 그릇을 꺼내기 시작했습니다. 냄비와 국자를 꺼내 두드리는 □□에게 미역국을 요리하던 엄마가 미역 몇 줄기를 냄비에 넣어줬고, 그러자 □□는 미역이 담긴 냄비를 국자로 휘휘 저으며 요리하는 시늉을 합니다.

상황 3

오늘은 20개월 △△의 집에 방문 놀이 선생님이 오는 날입니다. 선생님이 책을 가져와 그 책을 읽은 후 그리기나 만들기를 하는 수업입니다. 그런데 오늘 △△는 선생님이 가져온 책에 흥미를 보이지 않습니다. 그러자 선생님은 서둘러 책 읽기를 마친 후 함께 만들기를 제안합니다. "△△야, 여기 책을 보면 나무가 있는데, 나무에 콕콕 도장을 찍어볼까?" △△는 도장 찍기에 관심을 보이고 이내 다가가 나무에 도장을 찍어봅니다. "여기에 사과가 필요해. 여기에 도장을 콕콕 찍어줘. △△가 콕콕 도장 잘 찍네!"

놀이에는 진짜 놀이와 가짜 놀이가 있습니다. 앞서 등장한 3가지 상황 중에 무엇이 진짜 놀이일까요? 진짜 놀이와 가짜 놀이를 어떻게 구분할 수 있을까요?

진짜 놀이와 가짜 놀이의 특징을 살펴보면, 2번 상황의 놀이가 진짜 놀이의 조건을 충족한다는 사실을 알 수 있습니다. 반면에 1, 3번 상황의 놀이는 정해진 방법을 따라야 하거나, 교사가 주도하는 모습을 통해 가짜 놀이임을 확인할 수 있습니다.

물론 아이들이 매 순간 진짜 놀이에만 참여해야 하는 것은 아닙니다. 퍼즐, 모양 맞추기, 보드게임 등 아이의 인지 발달을 돕기 위해 만들어진 교구에는 정해진 답이나 규칙이 있습니다. 당연히 정해진

진짜 놀이 vs 가짜 놀이

진짜 놀이	가짜 놀이
아이가 선택함	성인(부모나 교사)이 제안함
아이가 스스로 주도함	성인(부모나 교사)이 주도함
특별한 목적이 없음	무엇이든 가르치려는 목적이 있음
놀이하면서 즐거움을 느낌	즐거움보다는 의무적으로 참여함
언제나 반복적으로 참여할 수 있음	일회성의 체험으로 끝남
융통적으로 변화할 수 있음	정해진 획일화된 방법을 따름
배려를 통해 개별 욕구가 충족됨	활동이 집단으로 이뤄짐
정해진 규칙이 없어 자유로움	따라야 하는 규칙이 많음
정해진 답이 없는 창의적인 놀이	정해진 답이 있는 정형화된 놀이

답이나 규칙이 있는 놀이도 아이가 주도적으로 선택하고 즐겁게 참여한다면 문제가 되지 않습니다. 그러나 진짜 놀이가 왜 중요한지를 알면, 가짜 놀이보다 진짜 놀이에 더 많은 시간을 할애해야 한다는 사실을 이해할 수 있습니다. 그렇다면 진짜 놀이가 중요한 이유는 무엇일까요?

첫째, 진짜 놀이에 참여함으로써 3~7세 유아 시기에 경험해야 하는 발달을 제대로 촉진할 수 있습니다. 이 시기 아이의 뇌는 어떤 사실을 주입식으로 전달한다고 해서 발달하지 않습니다. 아직은 뇌에서 학습 정보를 받아들이고 기억할 준비를 하지 못합니다. '구체적인 사물을 통해 경험한 것을 기억하는 뇌'가 활성화되는 시기이기 때문입니다. 아이는 보거나 만지는 등 직접 경험해보면서 모양이 왜 다른지 비교하고 느낌이 어떻게 다른지 알게 됩니다. 이를테면, 아이에게 동그라미, 세모, 네모라는 모양의 이름을 알려주면서 "이게 무슨 모양이야?"라고 반복해 묻는다면 아이는 어떠한 흥미도 느끼지 못하고 뇌에 기억하지도 못합니다. 내가 좋아하는 바퀴를 보면서 "바퀴는 동그란 모양이라 잘 굴러가는구나"를 깨닫고, 내가 좋아하는 과자는 네모 모양이라는 것을 경험하며 그 장면과 함께 뇌에 기억하게 됩니다. 따라서 아이의 흥미로부터 시작하여 스스로 주도하는 놀이, 나의 경험을 바탕으로 한 놀이, 즉 진짜 놀이를 통해서 언어, 인지, 신체, 정서 발달이 이뤄지는 것입니다.

둘째, 진짜 놀이에 참여함으로써 변화에 강한 미래 인재의 역량을 키울 수 있습니다. 이어지는 내용에서 더 자세히 설명하겠지만, 미래 인재의 역량에는 창의적 사고력, 의사소통 능력, 협동 능력 등이 있습니다. 이러한 능력은 어른이 주도하는 집단 활동을 통해서는 경험하기가 힘들며, 자유롭게 놀이를 선택하고 주도하는 진짜 놀이의 상황 속에서만 제대로 경험할 수 있습니다. 축구를 한번 떠올려보세요. 축구 교실에 가면 선생님에게 공을 차는 기술과 규칙을 배우며 그에 걸맞은 경기를 할 수 있습니다. 하지만 거의 모든 과정이 선생님의 주도하에 이뤄지기에 미래 인재의 역량을 키우기가 힘듭니다. 오히려 놀이터나 운동장에서 친구들과 공놀이를 한 아이들은 "어디를 골대로 할까?", "어떻게 팀을 나눌까?", "어떻게 하면 이긴다고 할까?" 등 새로운 방법을 생각하고 우리만의 규칙을 정하기도 하는 등 창의적인 사고와 의사소통의 과정을 경험할 수 있습니다. 이는 축구 교실에서 기술과 규칙을 배우는 것보다 의미 있는 경험이 될 수 있으며, 아이들은 이러한 경험을 함으로써 매사 더 주도적이고 적극적으로 참여하게 될 것입니다.

이처럼 진짜 놀이가 아닌 가짜 놀이에만 노출된 아이들은 무엇이 잘못되었는지도 정확히 모른 채 스스로 선택하는 능력, 상황을 주도하는 능력, 흥미를 지속하는 능력, 친구와 타협하는 능력, 창의적으로 생각하는 능력 등이 점점 부족해지게 됩니다. 유아 시기에 진짜 놀이를 통해 필요한 역량을 키워야 하는데, 빨라도 너무 빠른 선행학습과 그에 따른 사교육 열풍 속에서 우리나라 아이들은 점점 진짜 놀이에 참여하는 수가 줄어들고 있습니다.

유치원 입학을 준비하는 시기가 되면, 어떤 유치원이 부모들 사이에서 가장 인기가 많은지가 한눈에 보입니다. 안타깝게도 인기 있는 유치원일수록 특별 활동이 많고, 이를 자랑으로 내세웁니다. 여기서 특별 활동은 한글, 영어, 한자, 미술, 수영, 음악 등 사교육 시장을 이끌어가는 수업들로, 부모들은 유치원에 이러한 활동을 점점 더 많이 요구하고, 또 유치원은 이에 부응해 그러한 요구를 반영합니다. 많은 수업을 마치 자랑인 것처럼 내세워 입학 시기에 부모들의 관심을 끕니다. 부모들이 잘못된 요구를 하더라도 교육 기관에서는 교육 철학을 바탕으로 무엇이 더 중요한지를 알려야 하는데, 그렇지 못한 기관이 점점 늘어난다는 사실이 개인적으로는 매우 안타깝습니다.

유아 시기의 아이들은 친구들과 자유롭게 놀이하는 과정에서 자기 생각을 이야기하고, 친구 의견을 듣는 연습을 하며, 창의적인 생각을 표현하는 기회를 얻고, 나의 감정을 조절하는 시도를 해야 합니다. 그런데 안타깝게도 한글, 영어, 한자 등을 배우며 돈과 시간을 낭비하는 아이들이 계속 늘어나고 있습니다. 어느 때보다 빛나는 하루하루를 보내고 있는 이 시기의 아이들이 부모의 요구와 기관의 상술에 따라 억지로 끌려가고 있다는 사실을 부모라면 누구나 한 번쯤 생각해봐야 합니다.

✦ 놀이할 줄 모르는 아이들 ✦

연세대학교 어린이생활지도연구원에서 근무할 때 놀이 시간이면 학교 내 숲으로 많이 향했습니다. 숲에 놀러 갈 때는 되도록 놀잇감보다는 아이들이 읽을 수 있는 책 몇 권, 도화지와 색연필 몇 자루 정도만 챙겼습니다. 이렇게 놀잇감이 적은 상황에서 아이들의 모습을 살펴보면 '놀이성'에서 확연한 차이가 드러납니다. 스스로 놀이를 찾아 즐길 수 있는 아이, 즉 놀이성이 높은 아이는 나뭇잎과 돌멩이로 음식을 만들어서 가게 놀이를 합니다. 돌멩이로 나뭇잎을 빻아 밥을 짓고, 나뭇잎을 돌돌 말아 쌈밥이라고 하며, 나뭇가지를 꼬치 삼아 어묵 꼬치를 만들기도 합니다. "맛있는 음식 팔아요! 쌈밥이랑 어묵도 팔아요!" 이렇게 외치면 그 아이 주변으로 친구들이 하나둘 모여들어 관심을 보입니다. 반면에 놀이성이 낮은 아이는 "선생님, 뭐 하고 놀아요?"라고 물으며 스스로 놀이를 찾는 것이 어려운지 도움을 요청하는 경우가 대부분이었습니다.

제대로 놀아본 경험이 없는 아이들에게 자유로운 놀이 시간을 주면 어떻게 그 시간을 보낼까요? 안타깝지만 자기 마음대로 아무것이나 해도 되는 자유 시간을 아이들은 더 힘들어합니다. "너무 심심해요", "장난감이 없어요. 여기서 뭐 하고 놀아요?" 등 교사 주도의 수업에 익숙한 아이들은 누군가 정해주고 알려주기 전까지 스스로 놀이를 찾지 못합니다. 실제로 놀이학교나 영어 학원에서 정해진 시간표대로 수업에 참여했던 아이들이 자유롭게 놀이를 선택해서 놀이하는 교실에 오게 되었을 때, 처음에는 놀이를 찾는 데 상당한 시간이 걸렸습니다. 아무도 지시하지 않는 시간을 불안해하고, 무엇을 해야 할지, 이것을 해도 되는지를 되묻고 확인하는 모습이었습니다.

당연히 아이들에게는 성장 과정에서 정해진 규칙을 배우고 지키는 연습이 필요하지만, 놀이할 때만큼은 자유로워야 합니다. 어떤 놀이든 내가 하고 싶은 것을 선택해서 내가 원하는 방식으로 이끌어보는 경험을 꼭 해야 합니다. 그 안에서 아이들은 훨씬 창의적이고 주도적일 수 있습니다. 놀이성이 부족한 아이들도 자유롭게 선택할 수 있는 환경에 노출되고, 원하는 것을 마음껏 시도해보는 경험을 쌓는다면 스스로 생각하고 표현하는 능력을 기를 수 있습니다. 아무런 자극이 없어도, 정해진 방법이 없어도, 놀잇감이 없어도 스스로 기꺼이 방법을 찾아 즐길 수 있는, 정말로 잘 노는 아이가 될 수 있습니다. 지금, 나는 부모로서 우리 아이에게 잘 놀 기회를 주고 있는지 한 번 점검해보기를 바랍니다.

왜 나는 아이와 제대로
놀아주지 못할까?

✦ 놀이가 무엇이라고 생각하세요? ✦

"놀이가 무엇이라고 생각하세요?"

제가 부모 교육 강의를 할 때마다 처음으로 건네는 질문입니다. 저는 '놀이'를 주제로 이야기할 때 가장 먼저 놀이에 대한 정의를 다시 내리고 시작합니다. 많은 부모들이 생각하는 놀이란 무엇일까요? 대부분이 "음… 그냥 노는 거요"라고 얼버무리며 쉽게 대답을 하지 못합니다. 그러면 저는 또 하나의 질문을 건넵니다.

"아이가 놀이하는 모습을 떠올려보세요. 놀이가 무엇이라고 생각하세요?"

그제야 조금씩 대답을 하는데, 이번에는 대부분이 아이가 했던 놀이의 이름을 이야기합니다. "미술 놀이인 것 같아요", "퍼즐 맞추기 놀이요" 등 거의 모든 부모가 '놀이'를 말할 때 아이와 함께한 '활동'을 떠올리고, '장난감'을 떠올립니다.

부모가 '놀이=활동이나 장난감'으로 생각하기에 아이와 놀이를 하라고 하면 어떤 활동을 할지 찾아보고, 또 어떤 장난감을 사줘야 하는지만을 고민하며 시간을 보냅니다. 그러나 놀이는 활동도 장난감도 아닙니다. 놀이는 아이의 '즐기는 행동' 자체이며, 특별한 활동이 아니어도 장난감이 없어도 할 수 있는 '즐거운 행동'입니다. 즐거운 행동은 누군가의 지시에 의해서가 아닌 자발적으로 참여하는 것이며, 목적이 없습니다.

아이가 집에서 데굴데굴 굴러다니고 있습니다. 소파에서부터 데굴데굴 굴러 바닥으로 내려오고 온 집 안을 굴러다닙니다. 이때 엄마가 "왜 굴러다녀? 그만 굴러다니고 방에 가서 놀아. 책을 보든지 퍼즐을 맞추든지…"라고 말한다면 엄마는 아이의 놀이를 이해하지 못한 것입니다. 온 집 안을 굴러다니는 아이는 지금 쇠똥구리를 생각하며 그 모습을 온몸으로 표현하면서 놀이를 하는 중입니다. 엄마는 가만히 앉아서 책을 읽거나 퍼즐을 맞추는 것을 놀이라고 생각했지만, 정작 아이는 진짜 놀이를 즐기는 중이었던 셈입니다.

"왜 아이와 놀이를 하나요?"라고 물으면 부모들은 대부분 아이에게 무엇인가를 알려주거나 가르치는 상황을 떠올립니다. 아이에게 인지적 자극을 주고, 더 나아가 아이의 발달을 돕기 위해 놀이를 한다고 생각합니다. "놀면서 배운다"라는 말을 오해하여 놀면서 알려주고 가르치려고 하는 것은 처음부터 잘못된 것입니다. 놀면서 '스스로' 배워야지, 누군가의 가르침으로 배워서는 안 됩니다. 이는 놀이가 아니라 학습에 더 가깝기 때문입니다.

상황 1

[놀면서 가르치려고 하는 엄마]

○○ 엄마는 ○○가 숫자에 관심을 보인다고 생각해 숫자를 알려주고 싶었어요. 그래서 때마침 ○○가 숫자 카드를 꺼내오자, "○○야, 3이 있는 카드 어딨어? 옳지, 박수!", "5가 있는 카드는 어딨지? 아니지, 그건 6이고 5 있는 거 다시 찾아봐. 그렇지! 그게 숫자 5 카드야" 등 숫자 카드에서 엄마가 이야기한 카드를 찾아오라고 하며 놀이 시간을 가졌어요.

상황 2

[놀면서 스스로 배우는 아이]

□□는 아이스크림 가게 놀이를 하고 있었어요. "아이스크림 가게 열렸어요~ 아이스크림 팔아요~"라며 클레이로 여러 가지 아이스크림을 만들어 팔았지요. 엄마가 손님이 되어 "아이스크림 얼마예요?"라고 묻자, □□는 "1,000원입니다!"라고 대답했어요. 엄마가 "그럼 아이스크림 3개 주세요"라고 주문하자, □□가 "여기 1개, 2개, 3개 있습니다!"라고 하나씩 아이스크림을 세며 3개의 아이스크림을 꺼내줬어요.

앞선 2가지 상황에서 아이는 놀이를 통해 숫자를 경험하고 있습니다. 1번 상황의 아이는 엄마의 계속된 지시에 금세 흥미를 잃고 자리에서 일어났고, 2번 상황의 아이는 놀이에 몰입하며 여러 번 아이스크림의 개수를 세고, 돈을 계산하면서 한참을 숫자를 경험하는 시간에 노출되어 있었습니다. 같은 숫자 놀이라 하더라도 어떻게 접근하는 것이 아이의 흥미를 더 불러일으키고 스스로 배우도록 도와주는 방법인지 알 수 있습니다.

놀이는 아이에게 주어진 어떤 활동도 수업도 아닙니다. 놀이는 아무것도 주어지지 않았을 때 즐거움을 만들어가는 능력입니다. 아무것도 없을 때 규칙을 만들어내고, 놀이 방법을 생각해 즐거울 수 있는 능력입니다. 놀이를 위해 무언가를 주려고 했다면, 놀이를 통해 무언가를 알려주려고 했다면, 놀이를 핑계로 어떤 수업에 참여시키려 했다면, 부모의 그런 생각을 바꾸는 것부터 시작해야 합니다. 놀이는 배우기 위해서 하는 것이 아니라, 놀면서 저절로 배우게 된다는 사실을 알아야 합니다. 아이는 놀면서 궁금증이 생기고, 놀면서 호기심을 자극하고, 놀면서 해결해보려고 시도하고, 놀면서 생각을 키웁니다. 제대로 놀기만 해도 이 모든 것은 저절로 가능한 일입니다. 부모가 무엇을 주려고 애써 노력하지 않아도 아이는 스스로 배우는 능력이 있는 셈입니다.

✦ 아이와의 놀이가 왜 이렇게 힘든 걸까요? ✦

"저는 워킹맘이에요. 종일 회사에서 시달리다가 퇴근하지만, 집에 오면 아이와 놀아주려고 노력합니다. 아이가 좋아하는 놀잇감도 많이 사주고, 또 주말이면 여기저기 데리고 다니려고 예약을 하기도 해요. 그런데 놀이만 하면 아이가 짜증을 내요. 주말에 밖에 데리고 나가도 결국 화를 내고 집에 돌아오게 되고요."

"아이랑 놀아주는 게 너무 힘들어요. 아이는 매일 자동차 놀이만 하자고 하는데, 어떻게 하면 다양한 놀이를 경험하게 해줄 수 있을지 모르겠어요. 다른 놀이를 함께하자고 해도 매번 자동차 놀이만 반복해요."

"구슬 길을 만들 수 있는 블록을 샀어요. 블록을 연결해서 구슬이 내려오는 길을 만들어야 하는데, 아이는 블록에는 도무지 관심이 없고 구슬만 좋아해요. 블록은 내버려둔 채 온종일 구슬만 들고 다니니까 어떻게 해야 할지를 모르겠어요."

아이와의 놀이가 힘들다고 생각하는 부모님이 참 많습니다. 실제로 놀이 때문에 고민이 되어 저를 찾아오는 분들이 많이 하는 이야기입니다. 부모는 왜 아이와의 놀이가 힘들까요? 그렇다면 우선 아이와의 놀이를 생각하기 전에 부모인 나의 어린 시절 놀이를 떠올려보세요. 나는 어떤 아이였나요? 나는 어린 시절에 어떤 놀이가 가장 재미있었는지, 나는 부모님과 어떤 시간을 보낼 때 가장 행복했었는지를 생각해봅니다. 우리가 어렸을 때는 지금처럼 집에 많은 장난감이 있지 않았고, 키즈카페와 같이 놀 공간도 별로 없었습니다. 그래도 우리는 이불 하나로, 고무줄 하나로, 공깃돌 하나로, 아주 사소한 것으로도 매 순간 즐겁게 놀았습니다. 아마도 대다수의 분들이 '내가 참 신나게 놀았지'를 생각해보면 장난감이나 교구가 아니라 즐겁게 노는 어떤 특정한 장면이 떠오를 겁니다. 아이와의 놀이가 힘들고 고민된다면, 내가 아이였을 때, 그때 즐겁고 신나며 재미있었던 순간을 우리 아이와 함께한다고 생각을 전환시켜보세요. 그렇게 접근하면 조금 더 방법을 찾기가 쉬워집니다.

지금 우리 아이와의 놀이 장면을 떠올려볼까요? 너무 많은 장난감과 교구에 둘러싸여 나도 아이도 어떻게 해야 할지 잘 모르겠고, 당연히 재미가 없습니다. 교육적으로 가치 있는 교구들을 잔뜩 사놓기는 했는데 말입니다. 사고력 발달에 도움을 준다는 블록과 블록 놀이 워크북이 있습니다. 아이는 블록으로 자유롭게 만들기를 하고 싶은데, 엄마는 하루에 한 장씩 워크북을 함께하려고 목표를 세우고, 그에 맞춰 블록 놀이를 할 것을 요구합니다. 마음대로 하고 싶은 욕구를 꾹 누른 채 어려운 답을 찾는 과정에서 아이는 짜증이 납니다. 그걸 지켜보는 엄마가 화를 냅니다. 그래서 결국 "이럴 거면 하지 마!"라는 말이 튀어나옵니다. 아이가 하자고 한 것이 아니라 엄마가 계획을 세워 하자고 한 결과입니다.

아이와의 놀이가 힘들고 어렵게 느껴진다면 어떠한 목표도 세우지 마세요. 놀이를 먼저 제안하지 말고, 아이가 어떤 놀이를 하는지 그저 옆에서 지켜만 봐주세요. 아이에게는 스스로 놀이를 찾고 즐길 수 있는 능력이 이미 충분히 있습니다. 아이의 본능입니다. 스스로 놀이를 찾아본 경험이 없는 아이는 자신의 인생에서 무언가를 찾고 결정할 능력을 쌓을 수가 없습니다. 아이가 어떤 놀이를 선택하는지 지켜본 다음에 그 놀이가 무엇이든 지지한다면, 아이는 점점 놀이성을 키울 수 있고, 그 능력으로 누구의 도움 없이도 스스로 놀이할 수 있게 됩니다. 아이가 부모의 도움 없이 스스로 놀이하기를 바란다면 옆에서 그저 지켜봐주세요.

앞서 나왔던 엄마의 하소연으로 돌아가보면, 엄마는 아이와 구슬 길을 만들고 싶어 구슬 길 블록을 샀습니다. 그런데 아이는 구슬 길에는 관심이 하나도 없고, 구슬을 이리저리로 굴리기만 합니다. 바닥에도 굴려보고 통 안에도 담아보고 그렇게 구슬만 가지고 움직인다면 그 자체를 바라봐주고 인정해주면 됩니다. 아이는 블록으로 구슬길 만들기에는 관심이 없고, 구슬에만 관심이 있는 것이니까요. 그렇다면 아이가 구슬을 가지고 어떻게 탐색하는지를 지켜봐주세요. 엄마는 구슬 길을 만들고 싶은 마음을 잠시 숨긴 채 참고 기다려야 합니다. 그렇게 기다리면서 아이의 행동을 지지하는 적절한 상호 작용만 해주면 됩니다. "구슬이 동글동글 잘 굴러가네!", "구슬이 소파 위에서는 왜 안 굴러갈까?", "통 안에 넣고 흔드니까 재미있는 소리도 나네?" 등 엄마가 이렇게 말해주면 아이는 엄마로부터 인정받는 경험을 하게 됩니다.

구슬이 좋아서 들고 다니는 아이에게 "구슬을 아무 데나 굴리면 안 돼. 여기 구슬 길에 굴려봐. 구슬 길은 이렇게 만드는 거야"라고 이야기하는 부모와 "구슬을 바닥에 굴려보고 싶구나. 어디까지 가는 지 같이 볼까?"라고 이야기하는 부모가 있습니다. 어떤 경우에 아이가 더 놀이에 집중하고 즐거움을 느낄 수 있을까요? 어떤 경우에 아이가 놀이에서 주도성을 가지고 스스로 선택한 것을 더 확장해나갈 수 있을까요? 부모의 생각에서부터 시작한 놀이는 결국 오래가지 못하고 아이에게는 짜증을, 부모에게는 걱정을(왜 우리 아이는 집중을 못 하지?) 남기게 될 뿐입니다.

✦ 잘 놀아주고 싶었을 뿐인데, 관계가 틀어졌어요 ✦

요즘 부모들은 대부분이 육아를 아주 열심히 합니다. 육아와 놀이에 대한 정보를 모으고 아이와 함께 잘 놀려고 노력합니다. 실제로 제가 현장에서 만난 엄마들은 거의 모두가 놀이에 대한 관심이 매우 많은 편이었습니다. 그런데 너무나 안타깝게도 그렇게 놀이에 관심이 많고, 상당한 에너지를 쏟는데, 아이와의 관계가 좋지 않은 경우가 종종 있었습니다.

상황 1

○○ 엄마는 워킹맘이라 주중에 아이와 보내는 시간이 많지 않습니다. 그래서 주말이면 주중에 함께 시간을 보내지 못한 것이 미안해 여러 가지 놀이 수업에 참여합니다. 그런데 ○○는 엄

39

마와 떨어져 수업에 들어가는 것이 싫습니다. 주말마다 엄마는 "너 재미있으라고 신청했는데, 왜 자꾸 싫다고 하는 거야?" 하며 아이와 실랑이하는 시간만 늘어나고 있습니다.

상황 2

□□는 엄마의 도움 없이도 집에서 재미있는 놀이를 잘 찾아서 하는 아이입니다. 소풍을 간다고 생각하며 가방에 필요한 물건을 담고 도시락도 챙기는 등 요즘은 상상 놀이에 푹 빠져 있습니다. 엄마는 □□의 놀이를 도와주고 싶은 마음이 큽니다. 그러다 보니 자꾸만 잔소리를 하게 됩니다. "□□야, 그건 여기에 담아야지." □□는 놀이를 방해하는 엄마의 잔소리가 싫어 방에 들어가 혼자 놀이하는 날도 있습니다.

상황 3

△△ 엄마는 책육아를 중요하게 생각합니다. 그래서 그림책을 읽고 나서 하는 독후 활동을 늘 준비합니다. 그러나 △△는 엄마와 함께하는 독후 활동이 싫다고 이야기합니다. △△는 독후 활동보다는 자동차를 굴리며 노는 것이 더 재미있습니다. 언제부터인가 엄마가 같이하자고 하는 놀이에는 무조건 "싫어!"라는 말이 가장 먼저 튀어나옵니다.

앞선 3가지 상황과 같이 엄마가 놀이의 중요성을 알고 놀이에 많은 시간과 노력을 투자하는데도 불구하고 아이가 엄마와 함께하는 놀이를 거부하거나 싫어하면 엄마는 고민이 깊어집니다. "제가 이렇게까지 노력하면서 아이와의 놀이를 준비하는데, 왜 우리 아이는 저랑 노는 걸 싫어할까요?", "왜 우리 아이는 제가 이야기하는 것은 무엇이든 거부부터 하는 걸까요?"라고 상담을 합니다.

이런 고민이 있는 엄마와 아이의 놀이 행동을 살펴보면 엄마가 아이를 너무 불편하게 하는 경우가 많습니다. "이거 몇 개야?", "이거는 여기에 넣어야지", "이거는 여기가 아닌데?", "이건 이렇게 하는 거야" 등 아이의 놀이를 방해하는 말을 자주 합니다. 아이는 놀이에 몰입해서 한창 즐거운데, 그때마다 엄마가 찬물을 끼얹는 격입니다. 엄마가 이렇게 말할 때마다 아이의 표정은 굳어버리고 결국 엄마에게 짜증을 내거나 등을 지고 놀이를 합니다. 그래도 제가 본 아이는 스스로 놀이하고자 하는 주도성이 높은 아이였기에 엄마와 등을 지고서라도 자신의 놀이를 지속하려는 모습을 보였습니다. 그러나 그렇지 않은 경우, 놀이를 포기해버리고 짜증을 내다가 끝날 때도 많습니다. 엄마는 잘 놀아주려고 하는데, 결국 관계가 틀어져버리는 경우가 생각보다 빈번하게 발생합니다.

놀이에는 정답이 없어야 합니다. 또 정해진 방법도 없어야 합니다. 그래서 아이가 원하는 방향으로 끌고 갈 수 있어야 합니다. 그런데 엄마는 놀이에 이미 답을 정해놓고, 놀이를 통해 아이가 그 답을 찾아가기를 원하기 때문에 아이에게 틀렸다고 이야기하고 엄마의 답을 알려주려고 합니다. 놀이를 하는 이유는 본인만의 가설을 세우고, 그것을 확인하는 과정을 반복하는 데 있습니다. 줄에 매달려 내려오는 케이블카를 만들고 싶은 아이는 어떻게 하면 케이블카가 줄을 따라 내려올 수 있을지 여러 가지 생각을 합니다. '높은 곳에서 내려오면 될까?' 가설을 세우고 행동으로 옮겨봅니다. 가설대로 했는데 잘 내려오지 않는다면 '줄에 문제가 있나? 케이블카가 더 무거워야 하나?'처럼 또 다른 가설을 세웁니다. 이러한 과정을 통해 아이는 호기심을 갖고 궁금해하는 능력, 사고를 확장하는 능력, 실패와 좌절을 통해 생각을 확인하는 능력 등을 기를 수 있게 됩니다. 다행히 아이에게는 스스로 이 과정을 즐기고 참여할 힘이 있습니다. 부모가 방해하면 등을 지고서라도 자신의 능력을 기를 만큼 아이는 매우 능동적인 존재입니다.

부모는 아이의 능력을 믿고 기다려주는 것이 긍정적인 관계를 맺는 지름길이라는 사실을 깨달아야 합니다. 나의 말에 집중하고 귀 기울이는 아이가 되길 바란다면, 부모가 먼저 아이의 생각에 집중하고 귀 기울여주세요. 이것이 관계의 시작입니다. 부모가 정해놓은 답, 정해놓은 방법을 주입하지 말고 아이가 스스로 놀이를 찾아가는 과정을 함께하기를 바랍니다.

✦ 아이와 못 놀아줘서 매일 밤 후회해요 ✦

"아… 오늘 ○○가 반죽 놀이를 하고 싶다고 했는데, 기다리라고 해놓고선 결국 반죽을 못 꺼내줬네. 오래 기다렸는데… 설거지는 나중에 하고 ○○랑 먼저 놀아줄걸……. 내일은 진짜로 더 많이 놀아줘야지!"

아이가 잠들고 나면 부모들은 이렇게 후회를 합니다. 아이와 놀아준다고 결심했는데 하루를 돌아보면 놀아준 시간보다는 기다리라고 한 시간이 더 많았고, 놀이는 항상 "이제 그만 자!"로 끝이 납니다. 부모가 아이와 보내는 시간을 관찰해보면, 아이와 함께 놀아주는 것도 아니고 일을 하는 것도 아니고 이도 저도 아니게 시간을 보내는 경우가 많습니다. 서로 곁에 내내 있기는 한데, 아이가 "엄마, 나랑 놀자"를, 엄마가 "응, 잠깐만"을 반복하고 있다면 무엇이 문제인지 정확히 돌아봐야 합니다. 엄마와 놀고 싶어 하는 아이 옆에 앉아서 핸드폰을 들여다보거나 부엌을 왔다 갔다 한다면 아이는 엄마랑 같이 놀았다고 생각할까요? 아이는 계속 엄마로부터 거절을 당한다고 느낍니다. 그래서 계속 "엄마, 나랑 놀자"를 이야기하고 엄마와의 놀이에 충족하지 못하는 것입니다.

제가 운영하는 놀이 챌린지나 놀이 코칭 프로그램에 참여한 부모님들에게 저는 항상 놀이 시간과 일하는 시간을 정확히 분리하라고 조언합니다. 놀이에 집중하는 시간은 하루 종일이 아니라, 오전에 1시간, 오후에 1시간 혹은 잠자기 전 1시간과 같이 아이와 놀이할 수 있는 시간으로 정하도록 합니다. 무조건 그 시간에는 핸드폰을 내려놓고 집안일도 멈춰야 합니다. 온전히 놀이에 집중하는 시간으로 사용해야 합니다. 이렇게 시간을 정해놓고 아이와의 놀이에 온전히 집중하면 정말로 많은 것이 변합니다. 일주일, 아니 빠른 경우 2~3일만 해도 부모님들은 입을 모아 아이의 변화가 느껴진다고 이야기합니다. "아이가 놀이에 더 오래 집중해요", "저도 종일 놀아주는 게 아니라서 마음의 부담이 적어졌어요", "아이가 엄마를 덜 찾아요", "같이 놀자는 말을 덜 해요", "TV를 보여달라고 하지 않아요" 등 구체적인 변화를 이야기합니다.

왜 이런 상황이 나타날까요? 그동안 부모가 아이와 놀아주는 시간을 비효율적으로 사용했기 때문입니다. 아이와 놀아줘야 한다는 부담감을 가지고 내내 아이 옆에 있기는 했지만, 정작 아이와 집중해서 놀이한 시간은 없었던 것입니다. 그래서 부모는 계속 힘이 들고, 아이도 계속 재미가 없어서 부모의 관심을 요구했던 것입니다. 아이와의 놀이 시간을 효율적으로 사용한다면 부모도 편하고 아이도 만족합니다. 아이와의 놀이 시간을 효율적으로 계획해본다면 누구든지 이러한 변화를 경험할 수 있습니다.

시간을 효율적으로 사용하는 것도 중요하지만, 아이가 원하는 놀이가 무엇인지 알아주는 것도 중요합니다. 아이의 흥미를 잘 파악해야 한다는 뜻입니다. 그러려면 부모는 우리 아이의 시선이 어디에 가 있는지를 관찰하면 됩니다. 그런데 안타깝게도 아이의 시선이 어디에 가 있는지보다는 부모의 시선에 따라 아이를 이끄는 경우가 더 많습니다. 놀이터에 갔는데 아이가 발밑에 있는 돌이나 나뭇잎에 시선을 빼앗겨 그것들을 줍는 데 흥미를 보입니다. 그 시선을 그대로 따라가 인정해주는 것이 놀이의 시작인데, 아이에게 더 많은 것을 보여주고 싶은 부모는 "여기 꽃 좀 봐. 빨간 꽃이 피었네"라고 부모의 시선을 아이에게 강요하는 경우가 정말 많습니다. 동물원이나 놀이공원에 가서도 아이의 시선을 따라가기보다는 "우리 이제 이쪽으로 가자. 우리 이제 이거 탈 거야" 하며 많은 것을 보여주고 경험시켜 주기 위해 부모의 계획대로 아이를 끌고 다니는 모습을 빈번히 마주합니다. 부모가 중요하다고 생각하는 것을 강요하기보다는 아이의 시선을 인정해주고 흥미에서부터 시작할 때, 함께하는 놀이가 의미있고 더 재미있어진다는 사실을 꼭 기억해주세요.

잘 노는 아이가 변화에 강한 이유, 놀이 지능

✦ 지금 아이에게 필요한 건, 7가지 놀이 지능 ✦

14년간 교육 현장(연세대학교 어린이생활지도연구원)에서 수많은 아이와 부모들을 마주하면서, 이후에는 놀이 코칭 프로그램을 운영하면서 저는 놀이와 관련된 문제를 보다 긍정적인 방향으로 이끌어 가려면 근본적인 해결책이 필요하다는 생각을 하게 되었습니다. 놀이에 대해 제대로 이해하는 기반을 만들고, 놀이의 진정한 가치를 알리기 위해 고민하고 연구하다 보니 발견한 것이 바로 '놀이 지능'입니다. 놀이가 무엇인지 묻는 말에 "그냥… 아이들이 노는 거 아닌가요?"라고 대답하는 부모들, 잘못된 인식으로 놀이를 학습의 수단으로만 생각하는 부모들, 그리고 놀이의 중요성 자체를 깨닫지 못하는 부모들을 위해 저는 놀이를 단순히 노는 행위를 넘어선 지능의

한 종류이자 일부분인 '놀이 지능'으로 설명하고자 합니다. '놀이 지능Play Quotient, PQ'이란 놀이성이 뛰어난 아이들이 가진 능력을 의미하는 것으로, 저는 다음과 같이 7가지라고 생각합니다.

- 창의적 사고력: 새로운 놀이를 생각하거나 원래 있던 놀이에 아이디어를 더함
- 의사소통 능력: 놀이 상황에서 발생하는 갈등을 부드럽게 해결함
- 협동 능력: 친구들과 마음을 모아 더 좋은 결과를 만들어냄
- 비판적 사고력: 어떤 현상을 그대로 받아들이지 않고 왜 다른지 무엇이 옳은지 분석함
- 자기 조절력: 자신의 욕구를 조절하여 특정 상황에 맞게 말하고 행동함
- 자신감: 무엇이든 스스로 잘할 수 있다고 생각함
- 미디어 조절력: 새로운 미디어를 적절히 활용하여 놀이를 확장시킴

① 창의적 사고력

창의적 사고력은 새로운 것을 생각해낼 수 있는 능력입니다. 즉, 문제가 생겼을 때 누가 알려주지 않아도 스스로 방법을 찾아 새로운 규칙을 만들어내며, 결국 나에게 즐거움을 주는 것을 발견해 몰입할 수 있는 능력입니다.

아이들은 자신의 경험을 바탕으로 호기심을 갖고 질문하며 새로운 것을 만들어갑니다. 유아 시기에 아이의 경험은 대부분 놀이에서 비롯됩니다. 따라서 창의적 사고력은 놀이를 하면서 가장 크게 발달하고 또 발휘될 수 있습니다. 아이는 내가 좋아하는 놀이를 더 재미있게 만들기 위해 기존의 경험을 바탕으로 새로운 것을 제안합니다.

블록 놀이를 하는 한 아이가 있습니다. 길을 가다가 다양한 건물을 관찰한 아이는 블록에 그 경험을 더해 자기만의 새로운 건물을 만듭니다. 새로운 건물을 만들려면 블록을 높게도 쌓아보고 넓게도 연결해보며 잘 쌓이지 않아 고민해보고 무너져보는 경험이 필요합니다. 여러 번의 고민과 실패가 잇따르지만, 아이가 좋아서 선택한 놀이이기에 몰입해서 다양한 시도를 하며, 이러한 과정을 통해 창의적 사고력을 발달시킵니다. 물감 놀이도 마찬가지입니다. 여러 가지 색을 이리저리 섞어보거나, 또 여러 가지 모양을 그려본 아이들은 이러한 경험을 바탕으로 새로운 색으로 새로운 모양을 그려 훨씬 창의적인, 정말 나만의 작품을 만들어냅니다.

과거 연세대학교 어린이생활지도연구원 재직 시절, 놀이 시간에 아이들과 함께 신발 던지기를 하다가 신발이 나무에 걸린 적이 있었습니다. "어떻게 하지?"라고 질문했더니, "나무를 흔들어봐요!"라고 대답한 아이가 있었습니다. 그런데 아무리 나무를 흔들어도 신발이 안 떨어지자 그 아이가 친구들에게 "긴 나뭇가지를 모아!"라고 하더군요. 그러고 나서 긴 나뭇가지를 모아 고무줄로 묶어 긴 막대기를 만들어서 신발을 꺼내며 "우아, 꺼냈다!"라고 환호성을 쳤던 장면이 떠오릅니다. 문제가 생겼을 때 "어떻게 하지?"라는 질문에 자기만의 해결 방법을 다각도로 생각해냈던 아이, 바로 첫 번째 놀이 지능인 창의적 사고력이 뛰어난 아이였습니다.

· 놀이 지능 ·
② 의사소통 능력

의사소통 능력은 여러 갈등 상황에서 다른 사람과 부드럽게 소통하며 놀이를 더 재미있게 이끌어가는 능력입니다. 놀이에는 대부분 놀이 상대가 필요합니다. 물론 아이는 혼자서도 잘 놀 수 있지만, 놀이 상대가 있으면 아무래도 놀이가 더 풍성해지고 혼자 놀 때와는 또 다른 재미를 느낄 수 있습니다.

친구와 함께 놀이를 하다 보면 이야기를 하면서 서로의 생각을 나누게 됩니다. 친구의 생각을 듣고 그에 대한 내 생각을 이야기하는 것이 바로 의사소통이며, 놀이를 하면서 이 능력은 자연스럽게 길러집니다. 말을 주고받을 때는 순서가 있다는 것, 내가 원하는 말을 하려면 친구의 말을 들어야 한다는 것, 그리고 의견이 맞지 않을 때는 친구를 설득해야 한다는 것을 놀면서 저절로 경험할 수 있습니다. 당연히 유아 시기 아이들에게는 성인이 중간에 적절히 개입하여 서로의 마음을 전할 수 있도록 도와줘야 합니다. 집에서는 부모가, 기관에서는 교사가 그 역할을 해줄 때 아이의 의사소통 능력을 더 키워줄 수 있습니다.

의사소통 능력은 기본적으로 자신의 의견을 잘 표현할 수 있어야 발달합니다. 친구가 내 놀잇감을 가져갈 때 그냥 보고만 있지 않고 "그건 내가 쓰던 거야"라고 표현하는 아이, 친구의 놀잇감을 쓰고 싶을 때 그냥 참는 대신에 "나도 갖고 놀고 싶어. 우리 같이 놀자"라고 표현하는 아이가 의사소통 능력의 기반을 갖춘 셈입니다. 여기서 더 나아가 자신의 의견을 잘 전달하는 것을 넘어 "너도 갖고 놀고 싶었어?" 하며 친구의 이야기에 귀 기울이는 아이, "그럼 내가 한 번만 더 하고 우리 같이하자" 하며 내 마음도 표현하고 친구의 마음도 헤아리며 적절한 소통을 이어나가는 아이가 두 번째 놀이 지능인 의사소통 능력이 뛰어나다고 할 수 있습니다.

·놀이 지능·

③ 협동 능력

협동 능력은 놀이를 할 때 공동의 목표를 세우고 서로의 의견을 나누면서 더 나은 방향으로 나아가 결국 목표를 달성해내는 능력입니다. 아이가 친구와 함께 공동의 목표를 세워서 놀이하는 경험을 하게 되면 협동 능력을 키울 수 있습니다. 무거운 바구니를 친구들과 힘을 모아 기어코 옮겼을 때, 혼자서는 엄두도 내기 어려운 퍼즐을 친구와 머리를 맞대 맞췄을 때와 같은 경험을 통해 아이는 친구와 함께하는 즐거움을 알고 성취감도 배로 느낍니다. 놀이로써 다른 사람과 협동하는 방법을 배우고, 협동에서 오는 즐거움을 경험한다면 점점 협동이 자연스러워지고, 더 나아가 다양한 문화에서 오는 차이도 인정하고 받아들일 수 있게 됩니다.

예전에 연세대학교 어린이생활지도연구원에서 만났던 아이들이 떠오릅니다. 쌓기 놀이 영역에서 몇 명의 아이들이 모여 블록 놀이를 하고 있었습니다. 각자의 생각대로 블록을 사용해 건물을 짓다가 이제 더는 나눠 쓸 블록이 없어졌습니다. 그때 "블록이 모자라니까 우리가 만든 걸 연결할까? 우리가 만든 걸 다 모으면 더 커질 수 있어!"라고 아이디어를 낸 한 아이가 있었습니다. 이처럼 친구들과 함께 놀다가 갑작스럽게 발생한 문제를 해결하기 위해 역시 친구들과 힘을 모으는 방법을 생각해낸 아이, 바로 세 번째 놀이 지능인 협동 능력이 탁월한 아이입니다.

(·놀이 지능·)
④ 비판적 사고력

비판적 사고력은 어떤 현상이나 정보를 그대로 받아들이지 않고 의문을 가져 논리적인 근거를 생각하는 능력입니다. 아이는 커가면서 점차 다양한 현상과 방대한 분량의 정보를 접하는데, 이때 얼마나 비판적으로 사고하느냐에 따라 가치 있는 결과에 도달할 확률이 높아집니다. 비판적 사고력은 유아 시기부터 자연스럽게 길러지는 능력으로, 이 능력을 제대로 키워주기 위해서는 아이가 "왜?"라는 의문을 온전히 인정받고 질문을 확장해나갈 수 있는 환경에 놓이는 것이 중요합니다.

주변의 어른이 "왜 다를까?", "왜 그럴까?"라고 질문하며 답을 찾는 모습을 자주 접했거나, 궁금증을 가지는 태도를 수용하는 분위기 속에서 자란 아이는 비판적 사고력을 자연스럽게 키울 수 있습니다. 여러 놀이 상황에서 "왜 나뭇잎은 떨어져요?", "왜 지난번에 왔을 때랑 순서가 달라요?", "왜 내가 먼저 해야 해요?", "왜 이건 크기가 달라요?" 등 궁금증을 표현하고 차이점을 말할 수 있는 능력을 갖춘 아이가 네 번째 놀이 지능인 비판적 사고력이 발달한 아이입니다.

·놀이 지능·
⑤ 자기 조절력

자기 조절력은 스스로 행동이나 감정을 조절하는 능력입니다. 자신의 행동이나 감정을 적절히 조절하기 위해서는 현재 나의 욕구와 주변 상황을 살펴서 어떤 것이 더 중요한지를 판단하고, 어떤 것에 집중해야 하는지를 알아야 합니다. 결국 자기 조절력에는 자신과 주변에 대한 이해와 판단이 커다란 영향을 미치는 셈입니다. 점점 더 빠르게 변화하고 다양한 문제가 발생하는 사회, 자극적인 정보와 유혹이 만연한 사회에서 자기 조절력은 성공의 핵심 열쇠가 될 수 있으며, 얼마나 자기 자신을 잘 조절할 수 있느냐에 따라 같은 조건이라도 나오는 결과는 크게 달라질 수 있습니다.

놀이를 하다 보면 속상하거나 화가 나는 일이 자주 생깁니다. 원하는 대로 되지 않을 때도 있고, 친구와 의견을 함께하지 못할 때도 있습니다. 이러한 상황에서 자기 조절력이 높은 아이는 자신의 감정을 인지하고 감정을 조절하는 방법을 적절히 사용합니다. 연세대학교 어린이생활지도연구원에서 교사로 일할 때, 미술 영역에서 숲에 다녀온 이야기를 그림으로 그리는 수업을 진행한 적이 있습니다. 아이들은 저마다 숲에서 경험한 내용을 떠올리며 열심히 그림을 그리면서 즐거워했습니다. 그때, 갑자기 한 아이가 물감을 쏟는 바람에 옆에 있던 친구의 그림이 엉망이 되었습니다. 누구라도 속상했을 그 상황에서 자기 조절력이 뛰어났던 친구는 "아, 내가 진짜 열심히 그렸는데… 너무 속상해!"라고 솔직하게 감정을 쏟아낸 다음, "하지만 내 마음에 안 드는 데가 있었어. 다시 잘 그려야지"라면서 이내 감정을 조절하고 더 나은 방법을 생각해냈습니다. 모두 다섯 번째 놀이 지능인 자기 조절력 덕분에 가능한 일이었습니다.

· 놀이 지능 ·
⑥ 자신감

자신감은 자기 자신에 대한 믿음과 확신을 가지는 능력입니다. 자신감이 있다는 것은 자신이 가진 능력을 잘 인지함을 의미하며, 자기 분석을 통해 내가 어디까지 할 수 있는지, 얼마나 해낼 수 있는지를 예측합니다. 자신의 능력을 믿는다면 어려운 과제를 만나거나 좌절의 상황에 부닥치더라도 도전하여 좋은 결과를 끌어낼 수 있습니다. '난 못해… 과연 내가 할 수 있을까?'라는 마음으로 일을 시작한 사람과 '나는 할 수 있어!'라는 마음으로 일을 시작한 사람은 결과도, 결과에서 얻는 성취감도 다를 수밖에 없습니다. 자신감 있는 태도는 내가 가진 능력 이상의 성과를 가능하게 하며, 다양한 관계 속에서 성공 경험을 많이 쌓을 수 있도록 돕습니다.

자신감 있는 아이는 어떤 상황이든 어려워하고 좌절하기보다는 성공 경험을 떠올리며 '나는 잘할 수 있는 아이'라고 생각합니다. 이런 태도로 놀이를 하다 보니 실패를 하더라도 포기하기보다는 다시 용기를 갖고 힘을 내어 노력하는 모습을 보입니다. 놀이 코칭을 하면서 아이들에게 평소에 맞추던 것보다 더 어려운(조각 수가 더 많은) 퍼즐을 건넸습니다. 그때 자신감이 부족한 아이는 시작도 하기 전에 "난 어려워서 못해"라며 금방 자리를 떴지만, 자신감이 있는 아이는 조금 어려워도 "난 할 수 있어"라며 계속 시도했습니다. 시도하고 성공하는 경험, 즉 이러한 경험이 켜켜이 쌓여 결국 여섯 번째 놀이 지능인 자신감을 키워주는 셈입니다.

· 놀이 지능 ·
⑦ 미디어 조절력

미디어는 뉴스, 영화, 방송 프로그램, 웹사이트, SNS 등 정보를 전달하거나 커뮤니케이션을 가능하게 하는 수단이나 매체를 말합니다. 미디어 조절력은 미디어를 이해하고 분석하여 적절하게 활용하는 능력으로, 비판적 사고로써 정보를 무분별하게 받아들이지 않는 능력과 시간과 공간에 따라 적절하게 조절해서 사용하는 능력을 포함합니다. 미디어 조절력이 없다면 정보에 지나치게 의존하거나 비판적 사고 없이 무조건 신뢰하기도 하고, 미디어 중독으로 삶의 질이 떨어질 수도 있습니다. 이미 미디어가 삶의 일부인 아이들, '디지털 놀이'라는 용어가 생길 만큼 미디어가 아이들의 놀이에도 스며든 요즘, 부모는 아이가 미디어를 필요에 따라 적절히 활용하고 조절하는 능력을 길러 미래 인재로 성장하도록 도와줘야 합니다.

2025년부터 초등학교에서는 디지털 교과서가 도입될 예정이며, 몇몇 유치원에서는 메타버스의 세계로 소풍을 떠납니다. 미디어는 잘만 활용하면 매우 좋은 놀이 및 교육 수단이 될 수 있지만, 아직 정보를 취사 선택해 받아들일 능력이 부족한 아이들에게는 독이 될 수도 있습니다. 그렇기에 마지막 놀이 지능인 미디어 조절력은 점점 더 아이들에게 필수가 되고 있습니다.

이처럼 놀이 지능은 아이가 미래 인재로 성장하는 데 꼭 필요한 능력입니다. 따라서 부모는 유아 시기의 아이와 함께 놀이함으로써 놀이 지능을 키워 아이가 미래 인재로 자라날 수 있도록 적극적으로 도와줘야 합니다.

✦ 놀이 지능의 발달을 돕는 부모의 역할 ✦

·부모 역할·

① 환경 정비사

상황 1

○○의 부모는 이번 주말 집 안을 정리하는 중입니다. ○○가 7개월이 되면서 온 집 안을 돌아다니기 시작했기 때문입니다. 부모는 아이를 제한된 공간에 머물게 하는 베이비 가드를 설치하는 대신, ○○에게 좀 더 자유롭게 집 안 곳곳을 탐색할 기회를 주기 위해 아이가 기어 다녀도 안전한 공간으로 집을 탈바꿈시키기로 했습니다. 콘센트 구멍은 막고, 눈에 보이는 전선은 잘 숨겼습니다. 바닥에 주워 먹을 만한 작은 조각이 없는지를 살피고, 아이가 붙잡고 일어날 만한 높이에 위험한 물건이 있다면 높은 곳으로 올려뒀습니다. 혹시라도 각종 틈에 손이 낄까 염려되어 문에는 안전장치를, 서랍장에는 잠금장치를 설치했습니다.

아이의 놀이 지능 발달을 위해 부모는 가장 먼저 아이의 놀이 환경을 정비해야 합니다. 아이에게 놀이의 선택권과 주도권을 주려면, 아이가 어떤 환경에서 놀이하는지를 반드시 생각해야 합니다. 양질의 놀이 환경은 부모가 만들어줘야 하기 때문입니다. 놀이에 적합한 환경은 발달 시기에 따라 다르기에 부모가 연령에 맞는 아이의 발달 수준을 알고, 그에 맞춰주는 것이 가장 중요합니다.

생후 6~8개월

- 대표 특징: 아이가 기어 다니기 시작하여 집 안 곳곳을 돌아다니며 무엇이든 만지고 입으로 가져감
- 놀이 환경: 아이가 주워 먹을 것이 없는 깨끗한 바닥과 잡아당길 전선이나 끈이 없는 환경

생후 9~12개월

- 대표 특징: 아이가 주변의 물건을 잡고 서서 걸음마를 시작함
- 놀이 환경: 아이가 잡고 일어설 만한 높이의 안전한 환경을 마련하고, 서서 손을 뻗었을 때 닿을 만한 위치에 위험한 물건이 있는지 확인

생후 12개월~

- 대표 특징: 상상 놀이가 시작되어 부모를 흉내 내기 시작함
- 놀이 환경: 상상 놀이를 도와줄 수 있는 적절한 물건 준비(소꿉놀이, 자동차 운전 놀이 등)

만 3세 이후~

- 대표 특징: 말이나 행동으로 의견을 표현하며 기본적인 개념 습득이 가능함
- 놀이 환경: 역할 놀이, 수·과학적 사고(수의 크기, 양과 길이의 비교 등)를 자극하는 놀잇감, 문해 발달을 자극하는 문해 환경(읽기와 쓰기가 적절한 환경), 정교한 작업을 가능하게 하는 다양한 만들기 재료(색종이, 가위, 풀, 수수깡 등)를 경험할 수 있는 환경

이처럼 아이의 발달 수준에 적합한 환경을 마련하여 아이 스스로 안전한 환경에서 호기심을 갖고 놀이를 시작해나간다면 앞서 설명한 놀이 지능 중 창의적 사고력은 물론 비판적 사고력까지 키워줄 수 있습니다.

② 중계자

□□와 아빠는 거실에서 함께 놀이를 합니다. 소꿉놀이를 좋아하는 □□는 오늘도 부엌 놀이 싱크대로 가서 냄비에 음식을 담고 놀이를 시작합니다. 그때 아빠는 □□와 한 발자국 떨어진 곳에 앉아서 □□의 놀이 행동을 지켜보며 이야기를 건넵니다.

"□□가 냄비를 꺼내서 물고기를 담았구나."

"이제 가스 불 켜고 냄비를 올렸네?"

"□□가 국자로 휘휘 저으며 보글보글 끓이고 있네."

아빠는 놀이에 직접 참여하기보다는 마치 중계방송을 하듯 아이의 놀이 행동을 말로 전합니다.

적절한 놀이 환경을 마련했다면 그다음에는 아이 스스로 놀이를 찾도록 기다려줘야 합니다. 아이가 놀이를 찾을 때 부모는 마치 중계자처럼 이야기를 건네면 좋습니다. 이때 부모의 이야기가 아이의 놀이를 방해하지 않도록 해야 합니다. 자동차를 꺼내려는 아이에게 "저기 □□가 좋아하는 책이 있네?"라며 부모의 시선(원하는 것)에 따라 이야기하는 것이 아니라, "자동차를 꺼내는구나?"와 같이 아이의 행동 자체를 지지해주는 말을 해야 합니다. 부모가 아이의 행동을 그대로 이야기(중계)하는 것은 아이에게 '엄마가 나를 인정하는구나', '아빠가 나를 지지하고 사랑하는구나'를 느끼게 합니다. 부모의 이런 말은 아이가 스스로 놀이를 찾고 원하는 놀이를 시작할 수 있게 도와줍니다.

아이가 스스로 놀이를 시작했다면 놀이에서 보이는 아이의 행동도 중계하면 됩니다. "자동차를 꺼내서 길 위에 올렸구나?", "맛있는 음식을 그릇에 많이 담았네?" 등 아이의 행동을 있는 그대로 언어로 표현합니다. 아이는 자신의 행동과 관련된 부모의 언어적 반응을 접함으로써 언어 능력을 발달시키며, 이는 의사소통 능력의 기반을 만들어 다른 사람과의 의견 교환이 원활하도록 돕습니다.

·부모 역할·

③ 놀이 파트너

상황 3-1

△△가 블록으로 자동차 길을 만들고 있습니다. "엄마~ 같이 놀자!"라는 말에 엄마도 △△ 옆에 앉아서 놀이를 시작했습니다. △△가 블록으로 자동차 길을 만드는 사이, 엄마도 블록으로 건물을 짓습니다. "엄마는 아파트를 만들게." 엄마는 △△가 자동차 길을 잘 만들도록 도움을 주기보다는 엄마만의 블록 놀이를 합니다. 같은 공간에 있을 뿐 각자의 놀이를 하며 서로 무엇을 만들고 있는지 관심을 가지는 정도입니다.

◇◇는 병원 놀이 놀잇감을 가지고 와서 "엄마~ 환자 해줘"라고 이야기합니다. 엄마는 ◇◇의 요구에 따라 환자 역할을 수행합니다. "배가 아파서 왔어요. 진찰 좀 해주세요." 엄마는 환자 역할에 맞는 이야기를 하며 놀이에 참여합니다. "아이스크림을 많이 먹었나요? 배탈이 났어요. 아이스크림을 먹지 말고 이 약을 꼭 먹어야 해요." 의사 역할을 맡은 ◇◇가 진찰을 하고 약을 지어 엄마에게 건넵니다.

부모가 아이의 놀이를 지지해주며 중계자 역할을 하는 것도 좋지만, 때로 파트너 역할을 한다면 아이가 놀이에 더 재미를 느낄 수 있습니다. 특히 상상 놀이나 역할 놀이를 즐기는 아이라면 더더욱 놀이 파트너가 필요합니다. 아이가 의사라면 엄마는 환자가 되어주고, 아이가 가게 주인이라면 아빠는 손님이 되어주는 것입니다. "저 배가 너무 아파서 왔어요. 어제 아이스크림을 3개나 먹었거든요"처럼 부모가 놀이 파트너가 되어 역할에 맞는 말을 건넨다면 놀이는 더욱 풍성해지고 활발해집니다.

상대가 필요한 역할 놀이가 아니더라도, 부모가 옆에 앉아서 각자 그림을 그리거나 블록 놀이를 해도 아이는 마치 친구와 함께 놀이하는 기분을 경험하게 됩니다. 이때 주의해야 할 점은 아이가 따라 하지 못할 만큼 멋진 작품을 만들지 말아야 한다는 것입니다. 부모를 보면서 '저렇게도 할 수 있구나. 나도 해봐야겠다'라고 생각할 정도로만 보여줘야 합니다. 부모가 너무 앞서간다면 '난 못하겠어. 안 할래'라고 생각하며 포기할 수도 있기 때문입니다.

④ 놀이 확장자

상황 4

☆☆는 블록으로 자동차 길을 만들고, 아빠는 건물을 만들고 있습니다. ☆☆는 길을 완성한 다음, 그 위에서 계속 자동차를 왔다 갔다 움직입니다. 아빠는 '어떻게 하면 더 재미있게 놀이할 수 있을까?'를 고민하다가 자동차 길에 신호등이 있으면 좋겠다는 생각이 듭니다. "여기는 신호등이 없어서 차들이 언제 멈춰야 할지를 모르겠네. 엄마랑 아빠도 운전할 때 신호등을 잘 보고 다니잖아. 이 길에도 신호등이 필요할 것 같은데?" 아빠의 말을 듣고 ☆☆는 신호등을 만들어 자동차 길에 놓았고, "빨간불~ 멈춰요!"라고 노래를 부르면서 더 즐겁게 놀이를 하게 되었습니다.

마지막으로 부모는 아이의 놀이를 확장해주는 확장자 역할을 할 수 있습니다. 그런데 이 역할은 가장 어렵고 또 실패의 확률도 가장 큽니다. 부모가 아이의 놀이에 대한 다양한 경험이 있어야 가능한 역할이기에 어려우며, 부모가 놀이 확장을 위해 나름대로 시도했는데 아이가 관심을 보이지 않는 경우가 왕왕 발생해 실패의 확률이 크다고 할 수 있습니다.

물론 수행하는 데 난관이 있더라도 부모가 얼마나 놀이 확장자의 역할을 잘해내는지에 따라 아이는 여러 가지 놀이를 더 창의적으로 전개하는 놀이 지능을 키워나갑니다. 병원 놀이에서 의사 역할을 하는 아이에게 "그런데 여기 입원하려면 침대가 있어야 하는데, 침대는 어디 있나요? 침대가 필요할 것 같은데요?"라고 놀이에 더 필요한 것을 이야기하며 아이가 생각할 수 있는 범위를 확장해주거나, 가게 놀이를 하는 아이에게 "물건을 사려면 돈이 있어야 하는데, 돈 가져오셨나요? 없으면 종이로 만들어서 가져오세요"라며 아이디어를 더해준다면, 아이는 이러한 부모의 모습을 통해 유연한 사고를 하며 놀이를 더 주도적으로 즐길 수 있게 됩니다.

부모가 놀이 확장자 역할을 할 때 실패의 확률이 큰 이유는 아이의 흥미를 고려하지 않았거나 너무 앞서서 놀이를 제안했기 때문인 경우가 많습니다. 놀이를 확장할 때는 아이의 흥미에서부터 시작해야 하며, 놀이에 딱 한 가지 아이디어만 더하는 것을 원칙으로 삼아야 합니다. 이제 블록을 2~3개 쌓는 아이에게 에펠 탑 사진을 보여주면서 똑같이 만들어보자고 제안한다면 과연 아이가 흥미를 지속시킬 수 있을까요? 당연히 '난 못해'라고 생각하면서 흥미를 잃게 되는 경우가 대부분일 것입니다. 설령 아이보다 앞서가지 않았더라도 부모가 제안한 아이디어에 아이가 관심을 보이지 않는다면 거기에서 멈춰야 합니다. 그런 경우라면 아이는 지금 진행 중인 놀이에서 충분히 재미를 느끼고 있을 가능성이 큽니다. 그러면 다시 원점으로 돌아가 지금 진행 중인 놀이의 파트너가 되어주면 그만입니다.

✦ 놀이 지능이 바꾸는 아이의 미래 ✦

코로나로 인한 팬데믹을 기점으로 세상은 이전보다 훨씬 빠르게 변화하고 있습니다. 병원, 공항, 식당 등 일상 곳곳에서 사람을 대체하는 기계를 마주치는 일이 이제 더는 놀랍지 않습니다. '자동으로 알아서 운전해주는 자동차가 나오면 좋겠다'라는 생각은 이미 현실이 되었고, '청소하는 로봇이 있으면 좋겠다'라는 생각도 진즉에 로봇청소기로 구현되었으며, '동시통역기가 발명되면 좋겠다'라는 생각 역시 곧 이뤄져 세상에 나온다고 합니다. 이처럼 과거 상상 속의 미래는 어느새 현실로 다가왔고, 이제는 인간이 상상하는 것보다 세상의 변화 속도가 더 빠를 지경입니다. 이러한 변화 속에서 아이를 키우는 부모는 무엇을 준비해야 할까요? 우리 아이들이 살아갈 미래, 그 누구도 예측할 수 없지만 단 한 가지 확실한 것은 아이를 AI보다 뛰어난 아이, 기계에 잠식되지 않고 능히 기계를 다루는 아이로 키워야 한다는 사실입니다.

기계보다 뛰어나려면 기계에는 없는 능력을 갖춰야 합니다. 기계에는 없는 능력이란 무엇일까요? 앞서 설명한 7가지 놀이 지능입니다. 창의적 사고력, 의사소통 능력, 협동 능력, 비판적 사고력, 자기 조절력, 자신감, 미디어 조절력이 기계에는 없는 능력이며, 이는 곧 놀이로써 키워줄 수 있는 능력입니다.

아이를 변화에 강한 미래 인재로 키우기 위해 가장 먼저 무엇을 해야 할지 너무 뻔히 보이는데, 왜 우리나라 부모들은 놀이에 시간을 투자하지 않을까요? 왜 당장 눈앞에 보이는 결과에만 돈과 시간을 투자하는 것일까요? 마치 초등학교에만 들여보내면 모든 것이 끝날 것처럼 유아 시기 아이들에게 한글을 가르치고, 또 영어를 가르치려고 에너지를 쏟는 것일까요? 놀이 지능을 키우는 데도 결정적 시기가 존재한다는 사실을 알면 어디에 에너지를 더 쏟아야 할지가 눈에 훤히 보이는데도 말입니다.

아이의 뇌는 전두엽(앞쪽)에서 후두엽(뒤쪽)으로 발달이 이뤄지는데, 학령기 이전(만 6세 이하)은 사물을 바라보며 창의적으로 생각하고 문제를 비판하는 능력(종합적인 사고)과 친구의 마음을 이해하고 내 마음을 전달하는 능력(사회성)을 담당하는 전두엽이 발달하는 시기입니다. 전두엽은 놀이를 통해 활성화를 촉진할 수 있기에 이때가 놀이 지능을 키우는 데 결정적인 시기인 셈입니다. 물론 학교에 들어간 이후에도 어느 정도는 키워줄 수 있지만, 그때는 시간과 돈이 2배, 아니 3배와 4배로 필요합니다. 실제로 초등학교에서는 사회적 기술이 부족한 아이가 놀이 치료와 사회성 그룹 수업에 참여하는 경우가 종종 있으며, 감정 조절이 어려운 아이는 그 방법을 배우기도 합니다. 학령기 이전이라면 놀이를 통해서 자연스럽게 키울 수 있는 능력이 때를 놓쳐서 키우려면 더 많은 시간과 경제적 자원을 투자해야 하는 셈입니다. 만 6세를 기점으로 아이의 뇌는 조금씩 학습을 위한 준비를 시작하는데, 그 뇌를 그제야 놀이 지능을 위해 사용하는 비효율적인 방법을 택하지 말고, 결정적 시기를 꽉 잡아 우리 아이를 미래 인재로 키우기 위한 놀이 지능을 발달시켜야 합니다.

학령기 이전에 탄탄하게 다진 놀이 지능은 학령기에 어떻게 발휘될까요? 놀이 지능은 결국 자연스럽게 학습으로 연결됩니다. 창의적 사고력을 기른 아이는 학습 과정에서 배운 내용을 글이나 그림으로 표현하며 새로운 생각을 덧대 문제를 해결할 수 있습니다. 의사소통 능력과 협동 능력이 뛰어난 아이는 학교에서 친구들 사이의 이견을 조율하고 힘을 모아 최적의 상황을 만들어내 리더가 될 가능성이 큽니다. 비판적 사고력과 자기 조절력, 그리고 자신감이 높은 아이는 주변의 부정적인 자극에도 흔들림 없이 올곧게 자라날 수 있습니다. 미디어 조절력을 갖춘 아이는 무분별하게 미디어에 노출되지 않고, 올바른 방법으로 미디어를 활용해 더 다양한 지식을 쌓아가며 학업 능력을 연마할 수 있습니다. 또한 놀이 지능은 학습뿐만 아니라 일상생활 전반에도 영향을 미쳐 친구와 성공적인 관계를 맺고 단단한 자존감을 만들어줘 아이가 변화에 강한 미래 인재로 거듭나는 데 도움을 줄 것입니다.

2장

변화에 강한 아이는
노는 방법이 다르다

·아이의 놀이 지능을 키우는 일주일 놀이법·

1장에서 변화에 강한 아이로 키우기 위해서는 놀이 지능이 중요하다고 이야기하면서, 창의적 사고력부터 미디어 조절력까지 7가지 놀이 지능에 대해 살펴봤습니다. 놀이 지능 발달을 위해 아이에게 놀이할 기회를 많이 줘야 하는 것은 당연한 사실입니다. 다만, 이때 부모 주도의 주입식 놀이가 아닌, 아이 주도의 자발적인 놀이가 이뤄지도록 도와주는 것이 중요하며, 동시에 7가지 놀이 지능이 골고루 발달하도록 놀이를 설계하는 과정이 필요합니다.

2장에서는 아이를 변화에 강한 미래 인재로 성장시키기 위해 7가지 놀이 지능이 왜 중요하며 어떤 역할을 하는지, 부모가 어떻게 도와줘야 하는지, 그리고 각각의 놀이 지능을 발달시키는 구체적인 놀이를 요일별로 소개하려고 합니다. 물론 앞서 언급했듯이 어떤 놀이를 하고 싶은지, 어떤 놀이를 선택할지는 아이가 생각하고 결정해야 하지만, 그렇다고 부모가 손을 놓고 아이만 바라봐서는 안 됩니다. 부모는 아이의 발달을 고려하여 이에 적합한 놀이를 준비하고, 어떻게 제시할 것인지 계획해야 합니다. 아무런 준비와 생각 없이 아이와 함께 놀이를 하다 보면 "왜 똑같은 놀이만 하지?", "왜 놀이에 변화가 없지?", "왜 다양한 놀이를 하지 않는 걸까?"라는 고민을 마주하게 됩니다. 이러한 고민을 해결할 수 있는 방법을 2장에 모두 담았습니다.

'아이의 놀이 지능을 키우는 일주일 놀이법'으로 부모는 아이가 성장하는 데 필요한 다양한 영역의 놀이를 쉽게 계획하고 실천할 수 있습니다. 동시에 다음과 같은 사항은 주의해야 합니다. 2장에서 제안하는 방법에 따라 부모가 일주일간의 놀이를 계획하고 준비한 후에 "이제부터 ○○ 놀이를 할 거야"라고 주도한다면 처음에 아이는 흥미를 보이지 않을 수도 있습니다. 그래서 아이가 관심을 보이도록 눈에 잘 띄는 곳에 놀이를 노출하거나, 놀이가 아이의 현재 흥미와 연결되도록 제안하는 과정이 꼭 필요합니다.

이제부터라도 부모는 아이가 글자를 더 유창하게 읽고, 덧셈 뺄셈 문제를 하나 더 풀고, 알파벳을 쓸 줄 아는 일에 힘을 쏟을 것이 아니라, 다양한 놀이를 경험하도록 계획하는 일에 에너지를 쏟아야 합니다. 물론 매일매일 놀이를 계획하고 실천하는 일이 쉽지는 않을 것입니다. 그렇더라도 이어지는 2장에서 다루는 요일별 놀이를 살펴보고 할 수 있는 것부터 하나씩 실천한다면 우리 아이를 튼튼하고 똑똑한 아이, 더 나아가 변화에 강한 아이로 키울 수 있을 것입니다.

월요일

창의적 사고력
& 미술 놀이

"내 마음대로 자유롭게 표현할 수 있어요."

창의적 사고력이
중요한 이유

✦ 기계를 뛰어넘는 아이가 가진 힘의 비밀 ✦

AI가 글도 쓰고 그림도 그리는 세상입니다. 확실히 글이든 그림이든 AI가 만든 결과물을 보면 사람이 만든 것보다 훨씬 완벽해 보입니다. 모든 데이터를 수집해 한 치의 오차도 허용하지 않으면서 만들었기 때문입니다. AI가 이렇게 잘하니, 앞으로는 작가나 화가 등의 창작자가 설 자리가 없을까요? 네, 아마도 기계만큼 완벽한 창작자는 필요가 없을 것입니다. 하지만 그럴수록 자기만의 개성이 담긴, AI는 절대 만들어내지 못하는 새로운 생각과 영혼이 담긴 작품은 그 차별성으로 더 인정받게 될 것입니다. 어쩌면 오히려 완벽하지 못한 작품이 사람들의 사랑을 받게 될지도 모릅니다.

앞서 언급한 '자기만의 개성'과 '새로운 생각과 영혼'이 바로 창의적 사고입니다. 기계는 정해진 임무만 수행하며, 가지고 있는 데이터를 활용하는 일만 합니다. 수많은 지식을 데이터로 가지고서 빛의 속도로 정리하지만, 정해진 데이터만큼의 한계가 존재하기 때문에 범위를 벗어난 문제가 발생하면 해결할 능력이 없습니다. "어떻게 하면 이 블록을 더 높이 쌓을 수 있지?", "지금 내 기분을 그림으로 표현하면 어떻게 될까?", "만들기를 더 튼튼하게 하려면 어디를 고치면 될까?" 등 놀이를 통해 다양한 생각을 해본 경험, 놀이를 통해 내 생각을 표현해본 경험이 아이가 기계는 할 수 없는 일을 기꺼이 해내도록 만듭니다.

✦ '좋은 질문'을 하는 아이는 무엇이 다를까 ✦

한 대학 강의에서 학생들에게 다음과 같은 과제를 냈습니다. 요즘 가장 유명한 AI인 Chat GPT를 활용해 주어진 주제와 관련된 보고서를 작성하는 것이었습니다. 자기 생각을 추가할 필요도 없이 오로지 Chat GPT만 활용하면 되는 과제였습니다. 그런데 의아하게도 학생들이 과제로 제출한 보고서에는 많은 차이가 있었습니다. 똑같이 Chat GPT를 활용했는데 이러한 차이는 왜 생긴 것일까요? 바로 '질문'을 하는 능력에서 차이가 있었습니다. 주제와 관련된 내용을 찾고 조합하기 위해서는 Chat GPT에 적절한 질문을 해야 합니다. 결국, 문제를 해결하기 위해 어떤 질문을, 어떻게 해야 하는지 잘 아는 학생만이 최적의 결과물을 제출할 수 있었던 셈입니다.

아무리 좋은 AI가 개발되어도 그것으로부터 최고의 결과를 끌어 낼 수 있는 질문을 하지 못한다면 아무런 소용이 없습니다. 내 안의 여러 가지 생각을 조합해 좋은 질문을 할 수 있는 능력, 매사 호기심 을 가지고 궁금해하는 능력은 유아 시기부터 형성됩니다. 그리고 놀 이를 통해 그 힘을 키울 수 있습니다. "물감을 모두 섞으면 왜 까맣게 될까?", "나뭇잎은 왜 떨어지는 걸까?", "담벼락 위로 올라간 신발을 꺼내려면 어떤 도구가 필요할까?" 등 다양한 놀이 상황에서 아이들 은 궁금증을 표출하고 계속 질문하면서 자기도 모르는 사이에 질문 하는 방법을 연습하고 그 힘을 키워나가는 것입니다.

✦ 변화가 두렵지 않은 아이들 ✦

유치원의 만 4세 교실에서는 병원 놀이가 한창입니다. 어제 는 배나 다리가 아픈 친구들이 환자로 찾아왔는데, 오늘은 아픈 동물들이 찾아왔습니다. 아픈 동물들이 생기자 병원은 곧바로 동물병원으로 바뀌었고, ○○는 동물을 치료하는 수의사로, □ □는 환자를 안내하는 간호사로, △△는 아픈 동물을 데리고 온 보호자로 어제와는 다른 역할을 맡아 동물병원 놀이가 시작되었 습니다. 수의사, 간호사, 보호자 역할을 맡지 않은 친구들은 동 물병원에 필요한 소품을 준비하고, 동물들에게 나눠 줄 약을 만들었습니다. 어제까지 병원 놀이에 열중하던 아이들이 강아지가 아프다는 친구의 말 한마디에 동물병원으로 바꾸고 그 안에서 각자 역할을 맡아 필요한 소품을 준비하는 모습을 보고선 선생님은 아이들의 새롭고 유연한 생각에 감탄했습니다.

연세대학교 어린이생활지도연구원에서 아이들과 함께 놀이할 때 겪었던 일입니다. 아이들의 놀이를 살펴보면 단 하루도 똑같은 놀이를 반복하지 않고, 놀이의 종류가 같더라도 각자 맡은 역할과 하는 말이 달랐습니다. 놀이에는 매 순간 변화가 있었으며, 아이들은 교사가 굳이 말하지 않더라도 그 변화에 더 주의를 기울이며 잘 적응했습니다. 아이들 스스로 주도하는 놀이를 통해 변화를 마주했기 때문입니다. 누군가 억지로 변화시키려고 했다면 과연 가능했을까요? 이렇게 아이들은 놀이를 하면서 변화를 만나고, 그 변화에 걸맞은 새로운 생각을 하며 나만의 것을 만들어나가는 것입니다.

창의적 사고력을 키우는 부모의 태도

✦ 아이의 관심과 호기심을 충분히 인정해주세요 ✦

상황 1

○○는 엄마와 길을 걷다가 바닥에서 돌멩이를 주웠습니다. 그때 엄마가 "돌멩이를 찾았네! 돌멩이가 동글동글하게 생겼네?"라며 ○○의 시선을 공감해주고 관심을 표현했습니다. 엄마의 이러한 지지에 ○○는 호기심을 지속하며 돌멩이를 하나둘 주워 모아 점점 높이 쌓기 시작했습니다. 그러고 나서 동그란 모양, 길쭉한 모양 등 여러 가지 모양에 따라 분류도 하고, 크기에 따라 나누기도 하며, 멀리 던지기도 하는 등 여러 가지 활동으로 재미있게 놀이 시간을 채웠습니다.

　　□□네 집에 택배가 온 날이었습니다. 그날따라 유독 큰 택배 상자를 본 □□가 관심을 보이기 시작했습니다. "우아, 진짜 크다! 내가 들어가도 될 것 같아요!"라고 흥분하며 소리친 □□를 보고 아빠는 "들어가볼래?"라며 아이의 흥미를 인정하고 시도하도록 도와줬습니다. 아빠는 상자 바닥을 깨끗이 닦아 거실에 들였고, □□는 상자 안을 드나들다가 색연필로 그림을 그리고 색칠해서 자기만의 집을 만들어 상상 놀이로 발전시켰습니다.

　　사물이나 현상을 바라보고 호기심이 생기지 않는다면 새로운 생각을 하기가 어렵습니다. 호기심이 있어야 생각하려는 동기가 생기고, 거기에서부터 창의적인 사고가 시작되기 때문입니다. 아이가 길바닥에 떨어진 돌멩이를 주우려고 할 때 엄마가 더러우니까 만지지 말라고 한다면 어떨까요? 아이가 크고 더러운 택배 상자에 들어가고 싶다고 할 때 아빠가 그건 크고 더러우니까 버려야 하는 쓰레기라고 알려준다면 어떨까요? 아이는 호기심을 크게 키워나갈 기회를 잃게 될 것입니다. 앞선 2가지 놀이 상황에서처럼 아이가 세상 모든 것에 보이는 관심과 호기심을 부모가 충분히 인정해야 창의적 사고력이 발달할 수 있습니다.

✦ 아이에게 아무것도 안 하는 시간을 주세요 ✦

"선생님, 아이가 한참 신나게 놀다가 갑자기 멍하게 있어요. 그냥 멍하니 누워 있거나 집 안을 왔다 갔다 하는데, 아이한테 무슨 문제라도 있는 걸까요?"

"선생님, 아이한테 그냥 놀라고 하면 아무것도 안 해서 걱정이에요. 왠지 선생님과 함께하는 수업을 시켜야 할 것 같고요. 아무것도 안 하면서 그냥 시간을 허비하는 것 같은데 괜찮을까요?"

우리나라 부모들은 아이가 아무것도 안 하는 시간을 견디기 힘들어합니다. 아이와의 놀이가 어려운 이유도 아이에게 뭔가를 계속 주려고 하기 때문입니다. 하지만 창의적 사고는 아무것도 하지 않을 때, 아무것도 하지 않아도 되는 충분한 시간이 있을 때 발현됩니다. 누군가 계속 나에게 그다음 해야 할 일을 이야기하면서 잠시의 공백도 허용하지 않는다면 과연 뇌에서 새로운 것을 생각할 여유가 생길까요? 아이의 뇌도 마찬가지입니다. 잠시 누워서 뒹굴거리는 시간, 무의미해 보이는 반복 행동(똑같은 퍼즐 계속 맞추기, 블록으로 똑같은 모양 계속 만들기 등)을 마음껏 할 시간이 필요합니다. 아이의 창의적 사고력을 키워주기 위해서는 하루 일정이 빼곡하게 차 있는지를 검토하여, 아무것도 안 하는 여백의 시간이 어느 정도 주어지는지를 확인해야 합니다. 아이에게는 경험한 것을 정리하고, 이를 토대로 새로운 생각을 이어나갈 충분한 시간이 필요하기 때문입니다.

✦ 정답을 찾지 말고 생각의 가능성을 열어주세요 ✦

대부분의 아이들이 레고 놀이를 좋아하고, 또 아이에게 여러모로 레고 놀이가 유익하다는 사실은 누구나 알고 있습니다. 그런데 레고 놀이도 어떻게 하느냐에 따라 아이의 경험이 달라집니다. 애초에 레고가 아이들의 놀잇감으로 개발된 이유는 작은 블록을 다양한 방법으로 조합해 집, 자동차 등 여러 아이템을 만들어 역할 놀이로 확장하는 등 창의적 사고력을 길러주기 위함이었습니다. 하지만 요즘 레고 놀이는 어떤가요? 레고 놀이를 하는 아이들을 보면, 한 제품을 사서 설명서대로 똑같이 맞추는 모습이 대부분입니다. 그리고 열심히 노력해서 멋지게 만들었기에 가지고 놀다가 부서지는 것이 염려되어 활용하지 않고 전시만 해놓습니다. 또 레고의 조립 수준이 만만치 않아서 엄마 아빠에게 다 맞춰달라고 하는 경우도 많습니다. 설명서에 적힌 순서에 따라 블록을 찾아 정확히 맞추는 것보다, 당장 멋진 결과물은 아니더라도 레고의 원리를 이해하여 내가 원하는 모양을 만들어내는 과정이 더 중요하지 않을까요?

레고 놀이는 빙산의 일각일 뿐입니다. 아이들은 계속해서 학습식 놀이에 노출되고 있습니다. '놀이식'이라는 허울 좋은 말만 내세웠을 뿐, 결국 아이들은 워크지에 답을 쓰고, 패드를 이용해 답을 맞혀야 하는 수많은 프로그램에 시간을 쏟고 있습니다. 점점 더 어린 연령부터 레벨 테스트에 응시하고 학습지를 풀며 정답을 찾는 경험을 하고 있습니다. 정답을 잘 찾을수록 나의 레벨이 높아지는 환경 속에서 아이들의 뇌는 점점 생각의 연결 고리를 잃어가고 있습니다.

아이들이 놀이에서 답을 찾아야 한다면 과연 순수한 재미를 느낄 수 있을까요? 내가 기껏 생각한 답이 틀렸다고 핀잔한다면 계속 생각하고 싶을까요? 아이가 "왜 그럴까?"라고 질문했다면, "이건 뭘까?"라고 호기심을 가졌다면 어떤 답을 내놓든지 부모는 우선 인정해줘야 합니다. 꼭 정답을 말하지 않아도 됩니다. 그저 한 번 더 생각하는 과정 자체가 생각의 시냅스를 하나 더 연결하고, 그렇게 창의적 사고를 담당하는 뇌를 더 복잡하고 단단하게 만들어줄 것입니다. 아이에게는 답을 요구하지 말고 생각의 가능성을 열어줘야 합니다. 어떤 생각이든 할 가능성을 열어주는 것이 창의적 사고력을 발달시키는 데 필수적인 부모의 역할입니다.

✦ 다양한 경험을 할 수 있도록 도와주세요 ✦

"바다에서 놀고 있는데 상어가 나타나면 어떻게 될까?"를 상상해서 그림으로 표현하려고 합니다. 이때 바다에 가본 적이 없는 아이와 바다에서 모래를 만져보고 수영을 해본 아이가 그린 그림은 분명히 차이가 날 것입니다. 두 아이 모두 상어에 대한 정보를 책에서 봤다고 가정한다면, 바다에 가본 적이 없는 아이는 '상어'에 초점을 맞춰 생각할 테고, 바다에 가본 아이는 '바다에서의 경험'과 '상어'를 동시에 떠올릴 것입니다. 따라서 바다에 가본 아이가 더 풍성한 이야기를 상상하고 표현해낼 가능성이 큽니다.

이처럼 새로운 생각을 하려면 보고 듣고 느끼며 경험한 것이 있어야 합니다. 내 머릿속에 경험이 풍부해야 꼬리에 꼬리를 무는 생각이 자연스럽게 연결되며, 이를 통해 창의적 사고를 할 수 있기 때문입니다.

✦ 부모님도 함께 창의적으로 생각해보세요 ✦

아이의 창의적 사고력을 발달시키기 위해서는 부모 역시 창의적으로 생각할 줄 알아야 합니다. 부모의 태도와 사고방식이 아이에게 그대로 전달되기 때문인데, 안타깝게도 대부분의 부모는 창의력을 발산해본 경험이 부족하여 아이보다, 아니 아이만큼도 융통성 있게 사고하지 못합니다. 그래서 더 큰 노력이 필요합니다. 내가 아는 것만이 답이 아니라는 생각, 아이에게 정답을 알려주려는 생각, 내가 가진 지식을 전달하려는 생각을 모두 접고 아이처럼 호기심을 가지고 질문을 하는 것부터 시작해야 합니다. '이렇게 하는 것만이 답일까?', '이 방법 말고 다른 방법은 없을까?' 등 의심하고 다시 생각해보는 연습을 하면서 아이와 함께 고민하고 의견을 나눠야 합니다.

창의적 사고를 막는 부모

아이 엄마, 지금 왜 나뭇잎이 떨어지는 거야?

부모 가을이라서 그래. 가을에는 날씨가 추워져서 나뭇잎이 알록달록하게 색깔이 변하고, 바닥으로 떨어져.

아이 추운데 왜 바닥으로 떨어져?

부모 추우면 나뭇가지가 힘이 없거든. 그래서 겨울이면 나뭇잎이 다 떨어져서 나무가 앙상해지는 거야.

창의적 사고를 이끌어주는 부모

아이 엄마 지금 왜 나뭇잎이 떨어지는 거야?

부모 그러게. 정말 나뭇잎이 떨어져 있네? 왜 그런 걸까?

아이 추워서 그런가?

부모 추운데 왜 나뭇잎이 떨어지지?

아이 추우면 힘이 없나?

부모 좋은 생각을 했네. 추워서 나무가 힘이 없나 보다. 그래서 나뭇잎이 떨어지나 봐. 우리 또 다른 이유가 있는지 함께 찾아볼까?

창의적 사고력을
발달시키는 미술 놀이

학령기 이전의 만 2~6세 아이들은 상징적 사고(기억한 것을 구체적인 사물로 표현해내는 표상 능력)는 물론 언어가 폭발적으로 발달하지만, 아직은 논리적 사고력이 부족해 자기 생각이나 상상을 말하거나 글로 쓰는 행위를 어려워합니다. 따라서 자기 생각을 쉽고 뚜렷하게 표현할 수 있는 어떤 매개체가 필요합니다. 색연필로 그림을 그리거나 물감으로 색을 칠하거나 색종이로 만들기를 할 때 사용하는 재료가 바로 그 매개체가 되어줄 수 있습니다. 색연필, 물감, 색종이 등 여러 가지 재료를 활용해 아이는 생각을 더 자유롭게 표현하고, 표현을 통해 더 새로운 것을 생각해낼 수 있습니다. 이런 이유로 아이의 창의적 사고력을 발달시키려면 다양한 미술 놀이의 경험이 필요합니다. 미술 놀이는 단순한 그림 그리기뿐만 아니라, 어떤 재료(신문지, 색종이와 같은 종이류 / 나뭇가지, 나뭇잎, 돌, 모래와 같은 자연물 / 상자, 통, 빨대, 수수깡과 같은 만들기 재료 / 물감, 붓, 스포이트, 물감 스프레이와 같은 그리기 재료)든지 아이가 쉽게 활용해서 무에서 유를 창조해내는 행위를 모두 포함합니다.

미술 놀이를 통해 얻을 수 있는 것

- 자기 생각을 쉽게 표현할 수 있다
  (물감으로 구불구불한 선을 그리면서)
  "나는 꿈틀꿈틀 지렁이를 그리고 있어. 지렁이가 기어가다가 돌멩이를 만나서 점프한 거야."

- 문제 해결의 기회를 통해 생각을 유연하게 만들 수 있다
  (휴지심을 길게 이어 붙이면서)
  "이걸 더 길게 만들고 싶은데 어떻게 하지?"
  (모양 종이들을 모아 새로운 모양을 만들면서)
  "여기를 네모로 만들고 싶은데 뭐가 더 필요할까?"

- 여러 가지 재료를 접하며 다양한 표현 방법을 생각할 수 있다
  (점토로 자유롭게 만들기를 하면서)
  "이건 말랑말랑하네. 손으로 꾹 누르면 푹 들어가. 이걸로 예쁜 모양을 만들 수 있겠어."
  (셀로판지를 마음대로 구기면서)
  "이건 창문처럼 투명하네. 이건 붙여도 뒤쪽이 잘 보이겠어."

- 답이 없는 결과물에 몰입하며 창의적 사고력을 키울 수 있다
  (색종이를 신나게 자르면서)

"내가 색종이를 잘랐더니 삐죽삐죽 산이 많이 생겼어. 이걸로 삐죽 산을 만들 거야."

(수수깡을 조심스럽게 잘라 붙이며)

"수수깡을 잘라서 비행기를 만들었어. 이 비행기로 물건을 실어 배 달할 거야."

감정 표현 놀이

음악에 맞춰 붓으로 마음을 그려요

아이가 좋아하는 여러 가지 음악을 감상하며 선율을 느끼고 감정을 떠올린 다음, 그 내용을 물감과 붓을 이용해 표현하는 놀이입니다.

**추천 연령
만 2~6세**

○준비물 아이가 좋아하는 음악, 전지, 붓, 물감, 팔레트

◇ 놀이를 하기 전에

느낌이 서로 다른 다양한 음악(모차르트 '터키 행진곡', 생상스 '동물의 사육제 중 백조', 차이콥스키 '호두까기 인형 중 행진곡' 등 빠르기가 다른 클래식 혹은 아이가 좋아하는 동요)을 듣고 이야기를 나눠봅니다.

"이런 음악을 들으니까 기분이 어때?"

"이 곡은 연주하는 사람들이 엄청 바쁘게 느껴지네?"

"엄마는 이 노래를 듣다 보니까 편안하게 눕고 싶은 기분이 들어."

◇ 놀이 방법

❶ 준비한 음악을 들으며 어떤 느낌이 드는지 이야기를 나눠봅니다.

"우리가 전에 들었던 음악이지? 이걸 들으면 어떤 느낌이 들어?"

"바로 그 느낌을 우리 같이 붓과 물감으로 표현해볼까?"

❷ 붓, 물감, 팔레트를 이용해 음악을 들으며 느끼는 감정을 표현해보도록
합니다. 이때 아이가 물감으로 그림을 그리는 모습이나 결과물을 언어적
으로 전달합니다.

"음악이 점점 빨라지니까 ○○ 붓도 점점 빨라지고 있는데?"

"막 뛰어가는 느낌이라고 하더니 진짜로 붓이 뛰어가는 것 같아."

❸ 다른 느낌의 음악으로 바꾼 다음, 계속 음악을 들으며 어떤 감정인지 표
현해보도록 합니다.

"앗, 음악이 바뀌었네?"

"이번 음악은 어때? 계속 들으니까 어떤 걸 그려보고 싶어?"

❹ 부모도 함께 놀이에 참여하며 아이처럼 부모도 감정을 표현해봅니다.

"엄마(아빠)는 이 음악을 들으니까 연두색이 떠올라."

"이 연두색처럼 새싹이 돋아나는 봄이 생각나. 아주 작은 새싹들이 쏙쏙 나
오고 있단다."

◇ 놀이를 하고 나서

아이가 자신의 감정을 표현한 그림을 관찰하여 제목을 지어봅니다. 제목을 붙여 집 안 벽에 전시한 다음, 아이 스스로 당시의 감정에 대해 계속 생각해볼 기회를 줍니다.

"○○가 음악을 들으며 물감을 칠했더니 근사한 작품이 나왔네."
"우리 이 그림에 어울리는 제목을 한번 지어볼까?"
"제목을 지어서 이쪽 벽에 붙여놓을까? 그림을 보다 보니까 아까 들었던 음악이 떠오르는 것 같아. 생각을 정말 잘 표현했네."

◇ 주의사항

아이의 기질에 따라 적당한 놀이 공간을 예측해 준비해야 합니다. 활동성이 큰 아이의 경우, 물감으로 자유롭게 표현하다 보면 아무리 놀이 매트를 넓게 펴도 물감이 여기저기 튈 수 있습니다. 이런 상황이 예측된다면 아예 처음부터 물감이 튀어도 상관없는 욕실에서 놀이를 시작하세요. 아이가 놀이하며 마음껏 표현하는 과정에서 "절대 튀게 하지 마. 조심해"라는 말은 아이의 표현을 제한하거나 방해하는 요인으로 작용할 수 있습니다.

우산 없이 비를 맞으면 어떻게 될까요?

비가 오는데 우산이 없는 상황(현재 일어나지 않은 일)을 떠올리며 앞으로 어떤 일이 일어날지 상상하고, 그 내용을 그림으로 표현해보는 놀이입니다. 구체적인 상황을 설정함으로써 아이는 그 장면을 자세히 떠올려 역시 구체적으로 표현할 수 있습니다.

○준비물 스케치북, 크레파스, 색연필, 붓, 물감, 팔레트

◇ 놀이를 하기 전에

비 오는 날 아이와 밖으로 나가봅니다. 비가 내리는 소리와 모양 등 비 오는 날을 직접 경험해보도록 도와주세요.

"비가 오는 소리가 들려? 빗방울이 떨어지는 소리에 귀 기울여봐."
"비가 올 때는 바닥에 이런 모양이 생기네. 물방울이 떨어지는 모양 말이야."

◇ 놀이 방법

❶ 비 오는 날 밖에서 놀이했던 경험을 떠올려봅니다. 나의 경험을 떠올리는 것은 새로운 생각에 도움이 되므로 경험을 구체적으로 떠올릴 수 있는 질문이 좋습니다.

"지난주 비 오는 날 밖에서 놀았던 거 기억나?"
"비가 어떻게 내리고 있었는지 기억나? 우리 재미있는 소리도 찾았지?"

❷ 만약에 우산이 없다면? 만약에 비를 맞는다면? 상상해볼 수 있도록 질문하고, 아이가 생각을 이야기할 수 있도록 도와줍니다.

"만약에 비가 오는 날 우산이 없다면 어떨까?"
"우산 없이 그냥 비를 맞으면 어떤 느낌일 것 같아?"

❸ 아이가 상상한 장면을 그림으로 표현해볼 수 있도록 합니다. 그림을 그리기 시작하면 그림을 보면서 이야기를 나눠봅니다.

"비를 맞는 느낌을 색깔로 칠해볼까?"
"물감이 아래로 아래로 내려가는 게 정말 비가 뚝뚝 떨어지는 그림이잖아."

◇ 놀이를 하고 나서

전지를 우산 모양으로 오린 후 다양한 재료(색연필, 솜공, 빨대, 스티커 등)를 이용해 꾸며봅니다.

"우산이 하얀색인데, 여기 있는 재료로 꾸며볼까?"
"어떤 우산으로 만들고 싶어?"
"그래. 그럼 알록달록 무지개 우산으로 만들어볼까?"

"만약에 ~하면 어떨까?"라는 질문에 쉽게 대답하지 못하는 아이들이 많습니다. 혹시 "몰라!"라고 대답한다면 "생각해봐"라고 강요하지 마세요. 오히려 이때 부모가 먼저 "엄마(아빠)는 만약에 우산 없이 비를 맞으면 처음엔 너무 차가울 것 같아. 근데 차가운 게 너무 신나서 물웅덩이에 들어갈 거야. 거기서 막 뛰면 더 차가워지겠지?"라고 말하며 부모의 상상을 표현합니다. 그러면 부모의 이야기에 상상을 더해 아이 스스로 생각을 만들어내는 일이 더 수월해집니다.

모양 만들기 놀이

여러 가지 모양으로 생각을 확장해요

아이가 이미 알고 있는 여러 가지 모양이 만나면 어떤 새로운 형태가 되는지를 경험하고, 이를 통해 생각을 확장해보는 놀이입니다.

추천 연령
만 2~6세

○준비물 모양 교구 또는 색종이, 셀로판지, 연필, 가위

◇ 놀이를 하기 전에

아이가 여러 가지 모양에 관심을 가질 수 있도록 각 모양의 이름을 알려주거나 같은 모양을 찾아보는 놀이를 통해 모양에 대한 이해를 도와줍니다.

"자동차 바퀴처럼 동그란 모양이라 데굴데굴 잘 굴러가는구나."

"여기에 세모 블록 하나만 올려줄래?"

"엄마(아빠)는 네모 모양 정리할게. ○○는 어떤 모양 정리하고 싶어?"

◇ 놀이 방법

❶ 모양 교구 또는 색종이나 셀로판지 등 여러 가지 모양으로 오릴 수 있는 재료를 이용해 놀이에 사용할 모양을 준비합니다.

"빨간 세모도 있고, 파란 동그라미도 있고, 길쭉한 모양도 있네?"

"여기 있는 여러 가지 모양으로 또 다른 어떤 모양을 만들 수 있을까?"

❷ 자유롭게 여러 가지 모양을 만들어봅니다. 모양을 만드는 아이의 놀이 모습을 언어적으로 표현해줍니다.

"네모 모양 아래에 동그라미 모양 2개를 붙였네?"

"동그라미 모양을 붙였더니 데굴데굴 굴러갈 수 있을 것 같아."

❸ 아이가 만든 모양을 스스로 설명할 수 있도록 질문을 건넵니다.

"이건 어떤 모양을 만든 거야?"

"아, 이건 동그라미에 막대 모양을 붙여서 만든 막대사탕이구나!"

◇ 놀이를 하고 나서

아이와 함께 만든 다양한 모양을 이용해 이야기를 만들거나 역할 놀이를 합니다.

"나비가 날아와서 꽃 위에 앉았어요. 나비야, 어서 와."

"나비가 날아가다가 사탕 가게를 봤어요. 그래서 사탕 위에 앉았어요."

"얼마예요?"

"이건 딸기, 저건 포도 맛이에요. 어떤 맛으로 드릴까요?"

◇ 주의사항

아이가 여러 가지 모양을 이용해 새로운 모양을 만들게 하려면 "자동차를 만들어보자"처럼 목표를 세우기보다는 이리저리 만들어보다가 "네모에 동그라미가 2개 만나니 자동차 모양 같다"라면서 자동차 모양을 발견하는 과정이 더 좋습니다. 꼭 어떠한 모양이 아니어도 괜찮으며, 꼭 어떠한 모양을 만들어내려고 애쓰지 않아도 됩니다. 여러 가지 모양을 이리저리 움직이며 자기 생각을 확장해보는 경험이 가장 중요합니다.

연상 그리기 놀이

부분을 보면서 전체를 상상해요

부분을 살펴서 전체를 상상해보는 놀이입니다. 그림의 일부분을 살펴 전체적으로는
무엇일지 생각해 그림이나 말로 표현합니다.

○준비물 스케치북, 연필, 색연필

◇ 놀이를 하기 전에

평소 그림이나 사물을 볼 때 아이가 그 속에 숨어 있는 선이나 모양에 관
심을 가지도록 이야기를 나눠봅니다.

"이 그림 안에는 동그라미가 숨어 있네? 문손잡이가 동그라미야."
"이 장난감은 네모 모양을 많이 모아서 만들었나 봐. 여기도 네모, 저기도 네

모, 심지어 요기도 네모잖아.”

◇ 놀이 방법

❶ 스케치북에 미리 간단한 그림(선이나 모양)을 그린 다음, 아이가 관심을
가지도록 잘 보이는 곳에 놓습니다.

"어? 스케치북에 그림을 그리다가 말았네?"
"이건 어떤 그림을 그리려고 했던 걸까?"

❷ 그림을 보고 연상되는 것을 떠올리면서 질문하고 이야기를 나눠봅니다.

"이 모양을 보면 뭐가 생각나?"
"이건 지난번에 우리가 같이 봤던 그 문손잡이가 아닐까?"

❸ 아이가 말로 표현한 내용을 그림으로 그릴 수 있도록 도와줍니다.

"○○ 생각에는 이게 눈사람 단추 같구나?"
"그럼 ○○가 머릿속에서 떠올린 눈사람을 한번 그려볼 수 있을까?"

❹ 완성한 그림을 보며 어떤 장면인지 한 번 더 이야기를 나눠봅니다.

"구불구불한 선을 보고 지렁이가 떠올랐구나. 맞아, 우리 비 오는 날 지렁이
를 본 적이 있었지?"
"눈사람 단추에 눈사람 얼굴과 몸도 그려주고, 눈사람 모자랑 팔도 그려줬
네. 작은 동그라미가 눈사람 얼굴에 붙인 단추였구나!"

◇ 놀이를 하고 나서

아이와 역할을 바꿔 놀이를 합니다. 아이에게 그림의 일부를 그려달라고 하고, 부모가 그림을 완성합니다.

"〇〇가 그림 그려주면 엄마(아빠)가 완성할게."
"이건 고양이 꼬리 같은데? 고양이 엉덩이에 꼬리가 달린 것 같아. 네 생각은 어때?"

◇ 주의사항

"이 그림을 완성하면 무엇이 될까? 한번 그림을 완성해봐." 머릿속에서 연상되는 것을 그릴 때 그림의 완성이 목표가 되어서는 안 됩니다. "선이 더 길어졌네!" 완성되지 않은 선에 다른 선을 그리는 것만으로도 아이의 창의적 사고력을 자극하는 활동이 될 수 있습니다. "이 그림 속에 같은 모양이 있는지 찾아볼까?" 아이가 생각을 떠올리고 표현하는 것이 어렵다면, 주변의 사물이나 그림책 속의 그림을 통해 생각이 떠오르도록 도와주는 방법도 좋습니다. 그리기가 어렵다면 말로만 설명해도 괜찮습니다. 그림을 보며 상상해보는 것만으로도 충분히 놀이가 될 수 있습니다.

재활용품 만들기 놀이

커다란 택배 상자를 변신시켜요

커다란 택배 상자를 활용하는 놀이입니다. 상자를 이용해 내가 표현하고 싶은 것이 무엇인지 생각해보고, 주변의 재료들(작은 상자, 가위, 풀, 테이프, 색연필 등)로 생각을 표현합니다.

**추천 연령
만 3~6세**

○ 준비물 택배 상자, 가위, 풀, 테이프, 색연필

◇ 놀이를 하기 전에

여러 가지 재활용품을 이용해 만들기를 하거나 놀이에 활용합니다. 형태가 다양하고 별다른 놀이 방법이 없는 재활용품(휴지심, 요구르트 통, 페트병, 상자, 병뚜껑 등)을 이용해 만들기를 하다 보면 창의적으로 생각하는 경험이 쌓이고, 자원 순환에도 도움이 됩니다.

"엄마가 휴지심을 모아놨는데, 만들기 할 때 필요하면 써도 좋아."

"아빠가 상자를 버리지 않고 남겼는데, 이걸로 뭘 만들 수 있을까?"

"토끼 침대가 없었는데 상자로 만들어줬구나. 토끼한테 딱이네!"

◇ 놀이 방법

❶ 모아둔 택배 상자 중에서 튼튼한 것을 깨끗하게 닦아 준비물로 사용합니다.

"엄마(아빠)가 택배 상자를 깨끗이 닦아놨으니 필요하면 써도 좋아."

"○○가 택배 상자로 만들고 싶은 게 뭐야? 엄마(아빠)가 도와줄 수 있어."

❷ 아이와 함께 무엇을 만들지 계획한 다음, 만들기에 필요한 다른 준비물도 챙깁니다.

"○○는 기차를 만들고 싶구나. 상자를 어떻게 붙여야 기차가 될까?"

"네 생각대로 만들려면 또 어떤 준비물이 필요할까? 우리 얼른 필요한 것부터 챙기자."

❸ 아이가 생각을 잘 표현해서 만들 수 있도록 적절한 질문을 건넵니다.

"상자 2개를 어떻게 붙여야 할까? 어떻게 해야 튼튼하게 연결할까?"

"기차 앞부분이 뾰족한 모양이라고 하던데, 어떻게 하면 뾰족하게 만들까?"

❹ 다 만든 후에 스스로 작품에 관한 생각을 말로 표현할 수 있도록 도와줍니다.

"근사한 기차를 완성했네. 어떻게 타면 되는지 설명 좀 해줄래?"

"어떤 생각으로 만들었는지, 어떤 준비물을 사용했는지 알려줄 수 있어?"

◇ 놀이를 하고 나서

앞서 만든 기차를 이용해 역할 놀이를 합니다. 기관사와 손님 등 각자의 역할을 나누고 놀이에 필요한 소품도 만들면서 놀이해봅니다.

"이 기차는 어디까지 가나요? 부산까지 가야 하는데, 부산도 가나요?"
"몇 번 자리에 탈 수 있나요? 3번이 비었으니 3번 자리에 탈 수 있는 표를 만들게요."

◇ 주의사항

[상황①]
"엄마 이거 토끼야!"
"에이, 이게 무슨 토끼야. 막대기만 2개 붙였는데?"

[상황②]
"엄마 이거 토끼야!"
"어떻게 긴 막대 2개를 붙여 귀를 표현했어? 정말 놀라운 생각인데?"

재활용품을 활용해 놀이하다 보면 어른들이 생각하는 것처럼 멋지고 근사한 결과물이 나오기가 힘듭니다. 그럴수록 무에서 유를 생각해내는, 이런 과정 자체가 의미 있다는 사실을 알고 과정에 집중할 수 있도록 도와주는 것이 중요합니다. 그리고 아이가 생각한 것을 창작물로 표현할 때는 부모가 적절한 질문을 반드시 해야 합니다. "긴 모양을 표현하고 싶어? 그럼 뭘 붙이면 되는지 생각해볼래?", "어떤 모양을 만들고 싶은지 먼저 말로 설명해줄래?" 등 아이가 자기 생각을 어떻게 결과물로 잘 표현해낼 수 있을지 함께 고민해주세요.

토닥토닥맘 Q&A

Q. 아이가 그림을 그리면서 놀 때 어떻게 도와줘야 할까요?

아이가 그림을 그리면서 놀 때 부모가 곁에서 그림을 그려주는 행위는 아이와 함께 놀이하는 좋은 모습입니다. 부모가 그림을 그려줄 때 아이는 '함께' 놀이한다는 느낌을 받아 더 즐거울 수 있습니다. 그러나 이때 반드시 주의해야 할 점이 있습니다.

아이보다 더 나은 수준의 그림을 그려주면 안 됩니다. 아이가 따라 하지 못할 정도의 그림은 아이에게 좌절감을 줄 수 있기 때문입니다. 아이는 점과 선 정도를 찍고 그을 수 있는 수준인데, 그 옆에서 갈기가 화려한 사자를 그리거나 복잡한 프로펠러가 달린 비행기를 그린다면 아이의 마음이 어떨까요? '나도 그려봐야지!'라는 마음보다는 '난 저렇게 못 그리는데…'라고 생각해 결국 "엄마(아빠)가 그려줘", "난 이제 그림 안 그릴래"라고 할 가능성이 큽니다. 그래서 아이와 함께 그림을 그릴 때는 아이가 노력해서 따라 할 수 있는 수준의 그림을 그려줘야 합니다.

아이가 그림을 완성했다면 구체적인 칭찬을 해줘야 합니다. 구체적인 칭찬이란 "우아, 멋지다!", "잘했어!"처럼 결과 중심이 아닌, 아이가 노력한 부분을 하나하나 성심성의껏 찾아서 하는 칭찬입니다. 한 가지 색만 사용하던 아이가 여러 가지 색을 사용했다면 "이번에는 여러 가지 색을 이것저것 사용했네. 색이 다양하니까 더 화려해 보이는데?"라고 변화한 모습을 구체적으로 칭찬하는 것입니다. 이를 통해 아이는 내가 노력한 부분을 인정받아 더 자유롭게 표현하고 자신감도 얻게 됩니다.

의사소통 능력 & 역할 놀이

"나와 다른 사람들을 살피는 힘을 키울 수 있어요."

의사소통 능력이
중요한 이유

✦ 나를 잘 표현할 수 있다 ✦

의사소통의 기본은 나를 잘 표현하는 것입니다. 나를 잘 표현하려면 가장 먼저 내가 어떤 생각을 하고 있는지를 인지해야 합니다. 자기 자신을 인지할 수 있다면, 다른 사람의 말에 의해 생각이 쉽게 변하지 않고 적절한 근거와 이유를 대며 내 의견을 피력할 수 있습니다. 주관이 뚜렷해 스스로를 믿고 매사 자신감 있게 이야기한다는 의미입니다. 의사소통의 기본인 이러한 능력은 하루아침에 생기지 않습니다. 아이가 자기 의견을 자유롭게 이야기할 수 있는 환경이 중요하며, 부모로부터 자기 의견을 얼마나 인정받았는가가 커다란 영향을 미칩니다.

나를 잘 표현하는 아이 vs 그렇지 않은 아이

나를 잘 표현하는 아이	나를 잘 표현하지 못하는 아이
"나 그 장난감 쓰고 싶어." "그건 내가 쓰던 거야. 돌려줘." "네가 그냥 가져가면 나 속상해." "내가 먼저 쓰고 너 빌려줄게." "나도 신데렐라 하고 싶어."	회피, 침묵, 때리기, 던지기 등 부적절한 방법으로 표현

아이의 표현을 지원하는 부모 vs 그렇지 않은 부모

나를 표현하도록 지원하는 부모	나를 표현하지 못하게 방해하는 부모
"넌 어떻게 생각해?"(표현의 기회) "넌 그렇게 생각하는구나."(표현의 인정) "정말 좋은 생각을 했네."(적절한 반응)	"이렇게 하는 거야."(지시) "아냐. 엄마(아빠)가 얘기했잖아."(강요) "말도 안 되는 소리야."(부정)

✦ 상대방의 마음을 헤아리고 설득할 수 있다 ✦

나를 잘 표현한 후 그다음 과정은 상대방의 마음을 헤아리는 것입니다. 그렇게 하려면 상대방의 마음을 궁금해하고 그의 말에 귀 기울일 수 있어야 합니다. 정보가 방대해지고 기술이 발전할수록 내 생각만으로는 문제를 해결하기가 어렵기에 다양한 사람들의 의견을 듣고 종합해야 합니다. 상대방의 의견이 나와 같지 않다면 내 의견을 전달해 설득하거나, 서로의 이견을 조율해나가는 과정이 필요합니다. 이러한 과정을 얼마나 빠르게 처리하느냐에 따라 최적의 시간에 최고의 선택을 할 수 있는 셈입니다. 결국, 선택과 선택에 걸리는 시간은 곧 경쟁력이며, 새로운 형태의 문제 해결 능력입니다.

아이가 친구들과 놀이를 하다 보면 자연스럽게 갈등이 생기고, 친구들과 다른 생각을 조율해보는 과정을 겪습니다. 이때 가장 먼저, 그리고 흔히 겪는 갈등이 놀잇감 분쟁이며, 이런 상황이 의사소통 능력을 마주하고 연습하는 첫 단추입니다.

만 2세 반 아이들의 놀잇감 분쟁

아이들이 같은 놀잇감을 동시에 잡고 서로 잡아당기며 갈등을 겪고 있을 때, 교사가 갈등 중재를 도와주는 상황

아이①   이거 내 거야!

아이②   아냐, 내 거야! 내가 쓰던 거야!

교사   둘 다 하고 싶었구나. 근데 이거 하나밖에 없는데 어떡하지? 여기 분홍색 카메라가 있는데 이걸로 놀고 싶은 친구는 없을까?

만 4세 반 아이들의 놀잇감 분쟁

아이들이 같은 놀잇감을 동시에 쓰고 싶을 때 교사의 도움 없이도 갈등을 해결해가는 모습

아이①   내가 먼저 잡았어!

아이②   아냐, 동시에 잡았어!

아이①   그럼 어떻게 해?

아이②   너 분홍색 좋아하잖아. 저기 분홍색도 있어.

아이①   그럼 내가 분홍색 먼저 할게. 너 그거 다 쓰면 나한테 줘. 알았지?

간단한 문제처럼 보이지만 유아 시기 아이들에게 놀잇감 분쟁은 마치 국가 간 정상 회담처럼 중대한 사안입니다. 아이들은 이러한 갈등을 겪으며 점차 의사소통의 기술을 쌓아갑니다. 처음에는 교사의 도움이 꼭 필요했던 아이들도 스스로 마음을 전달하고 갈등을 해결해보는 연습을 통해 의사소통 능력을 향상시키게 됩니다.

✦ 세대와 물리적 공간을 뛰어넘는 힘 ✦

코로나로 인한 팬데믹 시기를 기점으로 온라인에서의 만남이 대중화되어, 이제는 사람과 사람이 깊이 소통하는 데 물리적 거리가 크게 상관이 없어졌습니다. 물론 엔데믹 이후로 오프라인 만남이 늘어나는 추세지만, 물리적 거리와 개인의 편의에 따라 여전히 많은 만남이 온라인으로 이뤄지고 있습니다. 이러한 상황에서 부모는 아이가 어릴 때부터 미리미리 온라인에서의 의사소통에 주의를 기울여야 합니다. SNS만 살펴봐도 전 세계적으로 유명한 아티스트와 전문가의 일상을 자연스럽게 접하며 소통할 수 있습니다. 온라인에서 나의 가치를 어떻게 전달하고, 동시에 다른 사람의 반응을 어떻게 수용할지, 그리고 그러한 소통을 성공적으로 이끄는 능력이 무한한 경쟁력이 된다는 사실은 지금도 우리가 경험하고 있습니다. 온라인이라는 넓디넓은 세상에서 원활하게 의사소통할 수 있는 능력, 이것이 미래 인재의 성공 전략 중 하나일 것입니다. 온라인에서 익명성이라는 가면에 숨어 범죄자가 될지, 그 안에서 충분히 능력을 발휘해 미래 인재가 될지는 어느 정도 의사소통 능력에 달려 있다고 해도 과언이 아닙니다.

최근 유명 연예인이나 유튜버들이 자신에게 좋지 않은 댓글을 지속해서 쓰는 악플러를 고소하는 사건이 자주 일어나고 있습니다. '악플러를 잡고 봤더니 초등학생이었다'라는 기사와, 반대로 미취학이나 초등학생 유튜버들이 악플로 정신적인 피해를 입고 있다는 기사를 동시에 접하는 시대입니다. 온라인은 더 이상 어른들만의 공간이 아니라 모두의 공간이며, 다양한 형태의 의사소통이 일어나고 있다는 방증입니다. 이런 상황에 유연하게 적응하려면 온라인에서도 역시 자기 생각을 전하고 상대방의 마음을 헤아리는 의사소통의 능력이 필요하며, 유아 시기 아이들은 무엇보다 놀이를 통해 이 능력을 키워나갈 수 있습니다.

✦ 기계와 현명하게 소통해야 하는 아이들 ✦

급변하는 미래 사회에서 리더가 되려면 사람과 사람 사이의 소통 능력뿐만 아니라, 사람과 기계 사이의 소통 능력도 필요합니다. 어떤 프로젝트를 성공시키기 위해서 더는 사람의 힘만으로는 불가능한 일이 많아 기계의 힘을 빌리지 않고서는 어려울 수도 있기 때문입니다. 따라서 사람과 사람 사이의 의견을 전달하고 조율하는 능력을 넘어, 사람과 기계를 소통시키고 이견을 조율할 수 있는 의사소통 능력을 갖춘 사람이 필요합니다.

그렇다면 기계와의 소통이란 무엇일까요? 기계가 가진 특성과 장점을 잘 분석해, 어떻게 활용해야 하는지를 아는 것입니다. 단순히 기계를 활용하는 데서 그치지 않고, 어떤 순간에 기계의 의견을 따를지, 어떤 순간에 본인의 의견을 덧붙여야 할지를 판단하는 능력이 곧 기계와의 소통 능력이라고 할 수 있습니다. 흥미롭게도 이 능력은 유아 시기 아이들의 놀이를 살펴보면 그대로 드러납니다. 아이들은 놀이를 할 때 어떤 놀잇감을 어떻게 활용할지를 판단하고, 어느 시점에 자기 생각을 보태 함께 노는 친구들과 더 만족스러운 결과로 나아갈 수 있을지를 경험합니다.

의사소통 능력을 키우는
부모의 태도

✦ 아이에게 자기표현의 기회를 주세요 ✦

부모님과 상담을 하다 보면 "아이가 제 말을 너무 안 들어요. 진짜 고집이 세요"라는 이야기가 참 많이 나옵니다. 부모라면 누구나 자기 자식이 자기를 잘 표현하고 주관이 뚜렷한 아이로 크기를 바랍니다. 그런데 한편으로는 부모인 내 말을 잘 듣는 아이로 키우고 싶어 합니다. 서로 평행선인 2가지를 동시에 바란다는 것이 얼마나 모순적인가요? 부모님이 하라는 대로, 부모님이 이야기하는 대로 매사 순종하는 아이가 과연 자기 마음을 잘 표현할 수 있을까요?

'착한 아이 콤플렉스'라는 말이 있습니다. 부모님 말씀을 잘 듣는 착한 아이로 자라야 한다는 일종의 사명감 때문에 아이는 결국 자기 자신을 잃어버리게 될 수도 있습니다. 그러므로 아이가 고집을 꺾고 부모님 말씀을 잘 듣기를 바라기보다는 아이에게 자기 자신을 잘 표현할 기회를 줘야 합니다. 자기표현의 기회를 제공했다면 그것이 어떤 내용이든 인정해줘야 합니다. 아이의 의견을 무시하거나 가치 없게 대한다면 아이는 점점 표현할 동기를 잃어버립니다. 부모로서 들어주기 힘든 것이라도, 틀렸다는 생각이 들더라도 우선은 "넌 그렇게 생각하는구나" 하고 인정해줘야 합니다.

그런가 하면 아이가 자기 마음을 말하기도 전에 이미 다 안다고 하면서 문제를 미리 해결해주는 부모도 있습니다. 아이의 요구에 민감하게 반응해야 한다고 생각해 아이가 그 어떤 어려움도 경험하지 않도록 모두 대신해주는 부모도 있습니다. 이런 부모에게서 자란 아이도 자기표현을 힘들어합니다. 어려움 없이 자라게 하려던 부모의 욕심이 결국 아이를 무능력하게 만드는 셈입니다.

아이들은 대개 놀이를 할 때 내가 무엇을 하고 싶은지 알고 그 마음을 표현하고자 하는 욕구가 큽니다. 그래서 놀이를 할 때는 평소보다 더 많은 표현이 가능해집니다. 따라서 놀면서 자기 생각을 자유롭게 표현할 기회를 얻은 아이들, 그 표현을 부모에게 인정받은 아이들이 의사소통 능력의 기본인 자기표현 능력을 기를 수 있습니다.

자기표현을 인정하는 부모와 아이의 대화

아이 블록을 저기 높이까지 쌓아서 엄청 높은 건물을 만들고 싶어.

부모 그래? 어떻게 하면 저기 높이까지 쌓을 수 있을까? 좋은 방법이 있을까?

아이 책상 위에 올라가면 어때?

부모 책상은 너무 커서 이쪽으로 옮기는 게 힘들지 않을까?

아이 그럼 의자를 가져올까?

부모 그래, 의자는 옮길 수 있을 것 같아. 엄마(아빠)가 도와줄게.

자기표현의 기회를 주지 않는 부모와 아이의 대화

아이 블록을 저기 높이까지 쌓아서 엄청 높은 건물을 만들고 싶어.

부모 안 돼. 저기는 너무 높아. 높아서 못 쌓아.

아이 책상 위에 올라가면 어때?

부모 책상은 위험해. 절대 안 돼. 여기까지만 해.

✦ 부정적인 감정도 공감할 수 있게 도와주세요 ✦

아이는 태어나서 12개월이 되기도 전부터 감정이 다양하고 뚜렷해집니다. 관심, 기대, 불안 등을 표현하며, 만 1~2세경부터는 언어 발달과 함께 더욱 정확한 감정 표현이 가능해집니다. 이후 만 3~5세에는 감정이 더 다양하게 분화되어 다른 사람의 감정도 이해하기 시작합니다. 하지만 이처럼 놀라운 성장을 했음에도 스스로 어떤 감정인지 잘 인지하지 못하는 경우가 많고, 특히 부정적인 감정에 휩싸이게 되면 정확한 감정 인지를 더 어려워합니다. 그래서 부모가 대신 그 감정을 공감하고 읽어주는 과정이 필요합니다.

게임을 하다가 져서 속상한 아이에게 "너 지금 눈물이 나는 걸 보니까 참는 게 좀 어렵구나", 동생과 놀아주는 아빠를 째려보는 아이에게 "너 지금 기분이 나빠진 걸 보니까 동생한테 질투가 나는구나"처럼 아이가 지금 느끼는 감정을 읽어주는 성인이 역할이 필요합니다. "너 왜 그렇게 울어? 그만 울어", "너 왜 소리를 질러? 조용히 해"라고 아이의 표현을 억압하거나 강제로 멈추게 하는 부모의 태도는 아이가 자기 마음을 인지하는 데 도움을 줄 수 없습니다. 부모에게 공감받지 못한 아이는 자기감정을 인지하지 못할 뿐 아니라, 타인의 감정도 인지하기가 어렵습니다. 내 마음을 이해해야 다른 사람의 마음도 이해할 수 있으니 당연한 결과입니다.

내 감정을 공감받고 이해받는다고 하더라도 다른 사람의 감정을 이해하는 것은 별개의 문제입니다. 만 3~6세 아이들은 전두엽이 발달하면서 타인 조망 능력(타인의 마음을 이해하는 능력)도 조금씩 발달하여 다른 사람의 마음을 이해하려는 노력을 시작합니다. 그러므로 다른 사람의 마음도 많이 경험해봐야 합니다. "네가 뛰어다니면 엄마는 네가 다칠까 봐 걱정돼. 마음이 불안해", "네가 아빠 물건을 그렇게 가져가면 기분이 나빠. 물어보고 가져가면 좋겠어"처럼 부모의 마음을 말로 표현해 알려줘야 합니다. 친구와 이야기하면서는 "야, 하지 마!"라는 표현에 '네가 그냥 가져가면 내가 속상해'라는 마음을 담아내는 것이 어렵기 때문입니다. 따라서 부모님의 마음을 들었던 경험을 통해 친구의 마음을 이해할 수 있게 됩니다.

연세대학교 어린이생활지도연구원에 재직하던 시절, 어느 해인가 유독 친구의 강하거나 부정적인 표현, 즉 "야! 그거 내 거야!", "나는 그렇게 절대 하기 싫어!"와 같은 말에 상처를 잘 받는 만 4세 남자 아이가 있었습니다. 또래 사이에서 특별히 어려운 점도 없었고 의사 표현도 잘하는 아이였는데, 친구가 조금만 강하게 말하거나 작은 것이라도 거절을 하면 안절부절못하며 구석에 가서 불안해하는 모습을 보였습니다. 다른 사람의 부정적인 표현에 어떻게 반응해야 할지를 모르는 상태여서 그 부분을 도와주고 싶어 부모님과 이야기를 나눴습니다. 그 과정을 통해 아이 앞에서 부부가 의견 차이를 보인 적도 없고, 아이에게 화를 낸 적도 없이 항상 좋은 말만 하고 좋은 모습만 보여주면서 지금껏 아이를 키웠다는 사실을 알게 되었습니다. 부모로부터 어떠한 거절도, 어떠한 부정적인 표현도 경험해보지 않았기 때문에 친구가 보인 반응에 미숙하게 대응했던 것입니다. 이처럼 몇몇 부모는 아이에게는 좋은 모습만 보여야 한다고 생각하거나, 부모 자신의 마음을 솔직하게 표현하는 일에 익숙하지 않습니다. 그러나 부정적인 감정 표현도 경험해야 부정적인 감정에 대한 공감도 가능해지는 법입니다. 다양한 감정에 대한 공감도 연습을 통해 길러줄 수 있다는 사실을 기억하기를 바랍니다.

✦ 가족 대화 시간을 정해서 실천해주세요 ✦

"대한민국의 가정에는 대화 시간이 거의 없다"라고 단언할 수 있을 만큼 우리나라는 가정에서의 대화 시간이 절대적으로 부족한 상황입니다. 과거 선진국 반열에 들기 위해 매일 늦게까지, 심지어 주말에도 일하던 우리나라의 민족성이 지금까지도 영향을 미치고 있기 때문입니다. 유럽에 있는 대부분의 나라가 빠른 퇴근 후 가족과 함께 대화하며 보내는 시간이 많은 반면, 우리나라는 아직도 늦은 퇴근이 만연하고 그렇게 퇴근하고 나서 아이를 먹이고 재우는 데 거의 모든 시간을 쏟다 보니 정작 대화를 나눌 시간이 매우 부족합니다. 부모 세대가 자라면서 가정 내 대화 시간을 많이 경험해보지 못한 점도, 아이와 대화 시간을 따로 가지는 일이 익숙하지 않은 점도 적잖은 영향을 미치고 있습니다.

아이에게는 대화를 주고받는 능력이 아직 많이 부족하기에 내 이야기를 귀 기울여 잘 들어줄 성인과의 대화 시간이 꼭 필요합니다. 성인 중에서도 나를 가장 잘 아는 부모와의 대화 시간을 통해 내 생각을 표현하고 다른 사람의 생각을 들어보는 경험을 시작합니다. 이때 부부간의 대화는 아이에게 좋은 모델이 되는데, 서로의 의견을 어떻게 전달하고 조율해나가는지 그 모습을 보여주는 기회이기 때문입니다. 어릴 때부터 가정에서 이러한 경험을 많이 한 아이들은 당연히 또래 간의 대화, 더 나아가 사회에서의 의사소통도 잘해낼 수 있습니다.

대화 시간이 있는 가족

엄마　오늘 유치원에서 했던 놀이 중에 뭐가 가장 재밌었어?

아이　오늘 축구를 했어! 근데 내가 공을 가지고 있었는데 ○○가 공을 가져가서 엄청 속상했어.

엄마	그랬구나? 속상했겠네.
아이	○○는 축구를 잘하거든. 다른 애들이 공을 가지고 있으면 다 뺏어.
아빠	○○가 평소에 축구 연습을 많이 하나 보네. 너도 내일 아빠랑 같이 축구 연습할까?
아이	좋아요!
아빠	아빠는 오늘 회사에서 발표를 했는데, 아빠가 잘해서 박수를 받았어.

대화 시간이 없는 가족

엄마	똑바로 앉아서 얼른 먹어.
아이	아빠! 내가 오늘…
아빠	지금 밥 먹는 시간이잖아. 꼭꼭 씹어서 얼른 먹어.

✦ 형제자매, 또래 간의 갈등을 배움의 기회로 활용해주세요 ✦

아이가 둘 이상이라면 형제자매 사이에서 일어나는 끝없는 갈등으로 부모는 매번 이 문제를 어떻게 해결하면 좋을지 고민을 합니다. "아이 둘이 만나는 순간부터 싸움의 시작이에요. 하나부터 열까지 다 싸워서 집에 있을 수가 없어요"라고 푸념하는 부모님들도 있습니다. 한 부모 밑에서 둘 이상의 아이가 태어났다면 아이로서는 형제자매가 경쟁자로 느껴지고, 그 존재로 인해 늘 내가 손해 보고 피해를 받는 기분이 들기도 합니다. 그런데 이렇게 생겨나는 갈등이

의사소통 능력을 길러주는 기회라는 사실을 안다면 형제자매들 간의 갈등도 힘들다고만 여기지 않을 수 있습니다. 부모가 일관된 기준을 가지고 중재한다면 갈등 상황이 오히려 아이들에게 기회가 되므로, 내 아이들에게 더 좋은 환경을 마련해줬다고 자부해도 좋을 것입니다. 형제자매 사이에서 갈등이 발생한다면 "그만 좀 싸워! 각자 방으로 들어가!" 하면서 당장 멈추지 말고, 각자의 의견을 충분히 말로 이야기하고, 서로의 이야기를 들어볼 기회를 줘야 합니다.

형제자매 간의 의사소통을 돕는 부모의 말

- 무슨 일이야? 각자 어떤 상황인지 이야기해줄 수 있어?
- 서로 하고 싶은 말만 하지 말고 한번 이야기를 들어보자.
- 서로 생각이 달랐던 거구나. 그럼 어떻게 하면 좋을까?

형제자매 간의 의사소통을 막는 부모의 말

- 그만 싸우고 방에 들어가.
- 싸울 거면 같이 놀지 마.

또래 간의 갈등도 마찬가지입니다. 아이가 또래 사이에서 갈등을 겪는 것이 두려워 마음이 잘 맞는 친구만 사귀게 하거나 갈등 상황을 미리 피하게 한다면, 아이는 문제 해결의 좋은 기회를 놓치게 됩니다. 안타까운 사실은 아이들이 점점 어린 나이부터 학습식 수업에 노출되어 자유로운 놀이 상황에서 또래 갈등을 경험하는 빈도가 줄

어들고 있다는 것입니다. 다 같이 모여 수업을 듣는 상황에서는 놀잇감 분쟁이나 자리다툼과 같은 소소한 갈등을 경험하지 못하며, 서로 이견을 조율할 기회도 얻지 못합니다. 이렇게 유아 시기에 또래 간 갈등을 자주 경험해보지 못한 아이들이 초등학교에 가서 어려움을 겪는 경우를 많이 봅니다. 사회적 의사소통 능력을 충분히 연마하지 못했기 때문입니다. 그러므로 형제자매 간이든 또래 간이든 아이들에게 자연스럽게 생겨나는 갈등을 부모는 두려워할 필요도, 해결하기 위해 애쓸 필요도 없습니다. 갈등이 오히려 기회임을 깨닫고 옆에서 도와주면 그만입니다.

또래 사이의 의사소통을 돕는 부모의 말

- 친구 때문에 속상했구나. 친구한테 네 마음을 이야기했어?
- 그냥 속상하다고만 하면 친구는 잘 몰라. 왜 속상한지를 이야기해야 친구가 네 마음을 알 수 있어.
- 다음엔 친구한테 네가 왜 그런 기분이 들었는지를 이야기해봐. 만약 친구가 네 말을 들어주지 않는다면 선생님한테 도움을 요청해도 괜찮아.

또래 사이의 의사소통을 막는 부모의 말

- 앞으로 걔랑은 놀지 마.
- 마음이 안 맞으면 굳이 같이 놀지 않아도 돼.

의사소통 능력을 발달시키는 역할 놀이

아이들은 역할 놀이를 하면서 특정 상황(엄마가 되는 상황, 자동차가 되는 상황, 동물이 되는 상황, 의사가 되는 상황, 가게 주인이 되는 상황 등)을 상상하고, 상상 속에서 역할을 표현하고 경험합니다. 그러면서 상황에 맞게 말하고, 나와 다른 역할을 맡은 상대방의 이야기를 듣는 시간을 통해 의사소통 능력을 향상시킵니다. 역할 놀이를 하며 자기가 기억하고 봤던 것이나 상상한 것을 이야기하기도 하는데, 이때 일상에서 자주 쓰지 않는 어휘와 말투, 그리고 문장을 구사하게 되어 언어 발달에도 도움이 됩니다. 역할 놀이는 혼자서도 할 수 있지만, 대부분이 의사-환자, 주인-손님, 엄마-아기와 같이 상대가 필요한 놀이이기에 놀이 과정에서 함께 대화하는 기회가 많아 의사소통 능력을 발달시킬 수 있습니다.

역할 놀이의 종류

부엌 놀이	부엌에서 음식을 만들고 밥상을 차리는 놀이
아기 돌보기 놀이	아기를 달래고 놀아주고 재우는 놀이
소풍 놀이	가방 안에 돗자리, 도시락통 등을 챙겨 소풍 가는 놀이
병원 놀이	의사나 환자가 되어 아픈 사람을 치료하는 놀이
아이스크림 가게 놀이	아이스크림을 만들어 손님들에게 파는 놀이
마트 놀이	물건이나 식품을 진열해놓고 파는 놀이
국수 가게 놀이	국수를 만들어 손님들에게 파는 놀이
빵 가게 놀이	빵을 만들어 손님들에게 파는 놀이
동물원 놀이	동물이나 사육사가 되어 동물을 돌보는 놀이
꽃 가게 놀이	꽃을 만들어 꽃을 가꾸거나 손님들에게 파는 놀이
자동차 길 놀이	자동차가 다니는 길을 구성하여 자동차를 움직여보는 놀이
주유소 놀이	주유소에서 자동차에 기름을 넣어주는 놀이
세차장 놀이	세차장에서 더러운 자동차를 닦아주는 놀이
소방서 놀이	소방관이 되어 불을 끄거나 사람을 구해주는 놀이
영웅 놀이	멋진 영웅이 되어 도움이 필요한 곳에 가서 도와주는 놀이
선생님 놀이	선생님이 되어 아이들을 가르치거나 도와주는 놀이

엄마 아빠 놀이

집안일도 하고 아기도 돌봐요

아이가 태어나 가장 먼저 만나는 사람이 엄마와 아빠이며, 그중에서도 엄마 아빠가 집안일하는 모습, 나를 돌보는 모습을 가장 많이 보기 때문에 역할 놀이를 할 때 가장 먼저 등장하는 놀이입니다.

○ 준비물 엄마 아빠와 관련된 소품들

◇ 놀이를 하기 전에

아이는 생후 12개월경부터 '~하는 척' 상상하는 상징적 사고가 가능해져 상상 놀이가 시작됩니다. 이때 가장 먼저 흉내를 내는 대상이 엄마와 아빠입니다. 엄마 아빠와의 일상을 보내는 일이 곧 경험이며, 이러한 경험을 바탕으로 엄마 아빠 놀이를 준비합니다.

"아빠가 쓱싹쓱싹 청소하고 있지? ○○도 같이할래? 여기 먼지 터는 것 좀 도와줘."

"이제 엄마가 샐러드를 만들 건데, ○○가 당근 좀 썰어줄래?"

"○○가 한번 계산해볼래? 여기에 카드를 꽂으면 돼."

◇ 놀이 방법

❶ 아이가 엄마 아빠를 흉내 내는 모습을 보고 필요한 소품을 준비합니다. 요리하는 흉내를 낸다면 적당한 그릇과 음식 모형 등을, 인형을 가지고 아기 돌보기를 흉내 낸다면 젖병, 기저귀, 이불 등을 준비합니다.

❷ 준비한 소품을 활용해 아이의 놀이 상대가 되어줍니다.

"음~ 맛있는 냄새가 나는데? 오늘은 ○○가 엄마 같네."

"아빠, 배고파요. 맛있는 볶음밥 해주세요."

❸ 아이가 상황에 맞는 적절한 말을 사용하도록 질문하고, 서로 의견을 나눠봅니다.

"지금 아기가 울고 있는데 어떡하지? 왜 우는 걸까?"

"아기가 배가 고픈가 봐. 어떻게 하면 좋을까?"

◇ 놀이를 하고 나서

사소한 일상이라도 엄마 아빠가 다 결정해서 이야기하는 것보다는 아이의 의견을 묻고 함께 생각을 나눕니다. 엄마 아빠와의 대화를 통해 아이는 의사소통 능력뿐만 아니라 놀이 능력도 키울 수 있습니다.

"○○야, 오늘 저녁 재료가 냉장고 안에 가득 들어 있는데, 우리 무슨 요리를 해서 먹을까?"

"○○야, 오늘 우리 집을 다 같이 청소하려고 하는데, 역할을 어떻게 나누면
좋을까? 어디부터 청소하는 게 가장 좋을까?"

◇ 주의사항

"엄마가 그렇게 하지 말랬지! 뚝 그쳐!"라고 아이가 놀이에서 엄마 역할
을 하며 화를 내거나 인형을 혼내는 듯 소리치는 모습을 보이기도 합니
다. 이때 '내가 뭘 잘못해서 아이가 상처를 받은 걸까… 나에 대한 불만
이 쌓여서 저렇게 분노를 표출하는 것일까…' 하고 걱정하는 분들이 많
습니다. 그러나 사실은 엄마와의 관계가 불안정하다기보다는 놀이를 통
해 감정을 표출하고 스트레스를 해소하는 모습이며, 이는 지극히 일반적
인 모습이므로 걱정할 필요가 없습니다. 아이에게 "왜 그렇게 화를 내?
그러지 마!"라고 훈계하기보다는 "엄마가 그렇게 화를 내면 아기가 깜짝
놀라겠는데?"라고 상대방의 마음을 이해할 수 있도록 이야기해줘야 합
니다.

가게 놀이

손님과 주인이 되어 물건을 사고팔아요

가게에 가본 아이들은 물건을 고르고 계산한 경험이 있습니다. 내가 직접 하지 않았더라도 엄마나 아빠가 계산하고 물건을 가지고 나오는 모습을 봤기 때문에 물건을 사고파는 역할을 따라 할 수 있습니다. 가게 주인과 손님이 되어보는 놀이입니다.

추천 연령 만 2~6세

○ 준비물 가게에서 파는 다양한 물건들

◇ 놀이를 하기 전에

아이와 함께 동네에 있는 다양한 가게들을 들러봅니다. 편의점, 마트, 빵가게, 아이스크림 가게 등 아이와 갈 수 있는 다양한 가게들을 다녀보면서 어떻게 물건을 고르는지, 어떻게 계산을 하는지 등 가게와 관련해 두루 관심을 가질 수 있도록 이야기합니다.

"빵을 고를 때는 쟁반이랑 집게를 들고 다니면서 먹고 싶은 걸 담으면 되나 봐."

"계산은 어디에서 하지? 저기 계산대가 있네. 우리 얼른 가보자."

"카드를 내면 되는데, ○○가 계산해볼래?"

◇ 놀이 방법

❶ 아이가 물건을 사고파는 가게에 관심을 보인다면 가게 놀이에 필요한 소품을 준비합니다.

"우리 마트 놀이를 하려면 뭘 준비해야 할까? 마트에서 파는 물건들을 준비해볼까?"

"계산하려면 계산대가 있어야 하는데, 어디를 계산대라고 할까?"

❷ 준비를 마친 다음, 가게 주인과 손님 중 원하는 역할을 맡아 놀이를 합니다.

"○○가 마트 주인을 하고 싶어? 그럼 엄마(아빠)가 손님을 할게. 안녕하세요. 과일 사러 왔는데, 과일은 어디에 있나요?"

"사과 하나랑 바나나도 하나 주세요. 여기 장바구니에 담아주세요. 카드로 계산할게요."

❸ 놀이를 하는 도중에라도 경험한 것을 떠올려보면서 더 구체적으로 표현할 수 있도록 도와줍니다.

"장바구니를 안 가져온 손님은 물건을 어디에 담아가라고 할까?"

"돈을 내면 영수증을 주잖아. 기억나? 영수증은 어떻게 만들면 좋을까?"

◇ 놀이를 하고 나서

아이가 가게 놀이를 좋아한다면 마트에서 전단지를 가져와 놀이에 활용합니다. 전단지는 보통 마트 입구에서 구할 수 있으며, 마트에 갈 일이 없다면 인터넷에서 '○○ 마트 전단 광고'라고 검색해 이미지를 저장하면 됩니다. 전단지는 벽에 붙여서 가게 놀이에 활용할 수 있고, 글자와 숫자에 관심을 보이게 할 수도 있으며, 마음에 드는 음식을 가위로 오려서 놀이할 수도 있습니다.

"우리 이 전단지를 집에 가져가서 가게 놀이를 할 때 쓸까?"
"전단지가 있으면 사람들이 마트에서 뭘 파는지, 어떤 걸 세일하는지 알 수 있겠다."
"여기에 사과가 세일해서 7,000원이라고 쓰여 있네. 바나나는 4,000원인가 봐."

◇ 주의사항

부모님 중에 "맨날 손님만 하려니 너무 지겹고, 매일 물건을 사 오기만 하니 너무 재미없어요"라고 고민하는 분들이 있습니다. 단순히 물건을 골라 담아 계산하는 것에서 끝내지 말고, 가게에서 사 온 물건 정리하기, 가게에서 사 온 물건으로 파티 준비하기 등 놀이가 더 풍부하고 재미있어지도록 다양한 아이디어를 더해봅니다. 그리고 아이에게 "엄마(아빠)도 가게 주인을 하고 싶은데, 그래도 될까?" 하면서 역할 바꾸기를 제안합니다. 매번 아이가 원하는 역할을 하도록 무조건 양보하는 것이 아니라, 부모님도 친구처럼 솔직한 마음을 전달하고 이야기를 나눠 역할을 결정합니다.

병원 놀이

아픈 사람을 진료하고 치료해요

예방 접종을 하거나 병에 걸려서 소아과에 갔던 아이들은 의사 선생님이 어떻게 환자를 진료하고 치료하는지 본 적이 있습니다. 누군가가 아프다고 상상하면서 의사와 환자 역할을 해보는 놀이입니다.

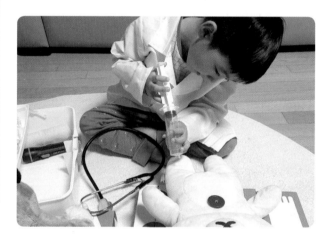

○준비물 어린이용 청진기, 체온계, 주사기 등 병원 놀이 놀잇감,
젤리나 초콜릿 등 약으로 사용할 간식

◇ 놀이를 하기 전에

예방 주사를 맞거나 병에 걸렸을 때 아이는 소아과에 갑니다. 소아과에 가서 어떻게 접수하는지, 의사 선생님이 어떻게 진료하고 치료하는지, 약은 어디에서 받는지 등 과정마다 아이가 관심을 보일 수 있도록 이야기를 나눠봅니다.

추천 연령
만 2~6세

"우리가 몇 번째인지 볼까? 여기 온 순서대로 이름이 있지? 이걸 보면 우리가 몇 번째인지 알 수 있어."

"간호사 선생님이 주신 처방전을 가지고 약국에 가면 약을 지어줘. 얼른 약국으로 가자."

◇ 놀이 방법

❶ 아이가 소아과에 간 적이 있어 병원 놀이에 관심을 보인다면 필요한 준비물을 챙겨봅니다.

"의사는 아픈 환자를 진료하고 치료하는 사람이야. 환자를 진료하고 치료하려면 어떤 물건이 필요할까?"

"맞아. 열을 재는 체온계와 가슴이나 배가 괜찮은지 살펴보는 청진기가 필요해."

❷ 준비를 마친 다음, 의사, 간호사, 환자 중 원하는 역할을 맡아 놀이를 합니다.

"○○가 의사 할 거야? 그럼 엄마(아빠)가 간호사랑 환자 할게."

"□□ 환자, 이제 준비가 다 되었으니 들어오세요. 여기 의사 선생님 앞에 앉으세요."

❸ 놀이를 하면서 병원에서 경험한 일을 떠올릴 수 있게 이야기를 나눠봅니다.

"우리가 병원 갔을 때 진료 순서가 적혀 있었잖아. 그 내용은 어디에 쓰면 좋을까?"

"약은 어디에서 받아야 하지? 우리 저번에 병원 갔을 때 약 어디서 받았는지 생각해보자."

◇ 놀이를 하고 나서

아이가 더욱 풍성하게 병원 놀이를 하려면 우리 몸과 관련된 다양한 정보가 필요합니다. 신체 부위와 그 부위의 역할이 나온 책이나 신체 부위의 모양과 명칭을 배우는 퍼즐 등을 활용하면 아이가 쉽고 재미있게 정보를 얻을 수 있습니다. 이렇게 알게 된 내용을 일상이나 놀이에서 다시 활용한다면 아이는 정보를 더 오래 기억(장기 기억)할 수 있게 됩니다.

"다리를 다쳤는데, 아무래도 정강이뼈가 아픈 것 같아요."
"선생님, 제가 지금 배가 아픈데요. 우리 몸속에는 어떤 장기가 있나요? 여기 이 부위는 위가 아픈 걸까요, 아니면 장이 아픈 걸까요?"

◇ 주의사항

각자 다른 역할을 맡아 놀이하면서 서로의 의견을 말하고 듣는 기회를 충분히 주고 있는지를 점검해야 합니다. "주사는 팔이나 엉덩이에 놔야지", "약은 이렇게 살살 발라줘야지", "어디가 아파서 오셨냐고 물어봐야지" 등 부모가 일방적으로 놀이를 주도하면서 '이런 것이 필요하다' 혹은 '이렇게 하자'라고 하며 놀이 방향을 결정해버리는 것은 아닌지 돌아보라는 것입니다. 그러면서 동시에 "이 환자는 어느 부위를 치료해야 할까?", "저 환자는 어떤 약을 지어주는 것이 좋을까?"처럼 아이와 함께 의견을 나누는 시간을 많이 가져봐야 합니다. 아이가 쉽게 생각하지 못한다면 "너 지난번에 감기 걸렸을 때 어떤 약 먹었지?", "지난달에 예방 접종을 하러 갔을 때 어디에 주사를 맞았지?"와 같이 직접 겪은 경험을 떠올리도록 이야기해주면 도움이 됩니다.

자동차 길 놀이

길 위에서 일어나는 사건 사고를 해결해요

어린이집, 유치원 등의 기관이나 학원에 갈 때, 부모님과 외출할 때, 여행을 갈 때 등 아이는 일상의 여러 상황에서 자동차를 타고 다닙니다. 자동차를 타고 다니는 길에서 일어나는 다양한 사건을 간접적으로 경험해보는 놀이입니다.

**추천 연령
만 2~6세**

○준비물 블록, 자동차 장난감, 스케치북, 연필, 색연필

◇ **놀이를 하기 전에**

아이와 길을 걸으며 자동차 길, 표지판, 신호등, 횡단보도 등 길에서 흔히 마주하는 다양한 요소에 관심을 가지고 이야기를 나눠봅니다.

"이 길은 속도가 몇이지? 혹시 숫자로 속도를 알려주는 표지판이 보이면 꼭 말해줘."

"이렇게 횡단보도가 그려져 있는 곳이 사람이 다니는 곳이니, 우리 여기로 건너자."

"이 횡단보도에는 신호등이 없으니, 차가 오는지 잘 보면서 건너자."

"여기는 사거리 대신에 돌아가는 길이 있네? 이런 길을 회전 교차로라고 한단다."

◇ 놀이 방법

❶ 아이가 자동차 놀이를 좋아한다면 놀이에 활용할 준비물을 챙깁니다. 자동차 길을 만들 수 있는 블록, 다양한 자동차 장난감, 표지판을 그릴 수 있는 스케치북과 색연필 등이 있습니다.

❷ 아이와 함께 직접 경험했던 상황을 떠올리며 자동차 길을 만듭니다.

"자동차를 가지고 놀려면 자동차 길이 필요한데, 어떤 블록으로 만들까?"

"블록을 2개 연결하니까 길이 더 길어졌네. 엄마(아빠)는 더 길게, 더 멀리까지 가는 길을 만들어볼래."

❸ 자동차 길에서 일어날 수 있는 다양한 상황을 놀이로 표현합니다.

"제 차가 움직이지 않아서 견인차가 필요할 것 같아요!"

"도로가 물에 잠겼어요. 비가 많이 와서 이 길로 갈 수 없을 것 같은데, 어떻하나요?"

◇ 놀이를 하고 나서

자동차 길을 만드는 일이나 자동차 놀이를 좋아한다면 관련된 실제 경험을 하게 해주면 놀이를 확장하는 데 도움이 됩니다. 주유소에 가서 기름 넣기, 세차장에 가서 차 닦기, 정비소에 가서 자동차 수리 과정 관찰하기, 경찰서와 소방서에 찾아가서 경찰차와 소방차 구경하기, 자동차 전시장에 가서 다양한 자동차 살펴보고 타기, 버스나 지하철 타고 이동하기, 기차 타고 여행하기 등 다양한 실제 경험은 놀이를 더욱더 풍부하게 만들어줍니다. 이런 경험을 할 때는 아이가 현재 관심을 보이는 부분을 잘 파악하는 것이 중요하며, 작은 부분까지도 의미를 부여해 관찰할 수 있도록 이야기를 해주면 좋습니다. 다음은 지하철에 관심 있는 아이를 위해 부모가 함께 지하철을 타면서 보이는 것, 직접 경험할 수 있는 것을 자세히 설명한 대화 예시입니다.

"오늘은 우리 한번 지하철을 타볼까? 지하철을 타고 할머니 댁에 가자."
"우리 집은 3호선이고 할머니 댁은 2호선이야. 우리가 어디에서 갈아타야 할지 노선도에서 찾아보자."
"전광판을 보면 지하철이 언제 올지를 알 수 있어. 때마침 지하철이 전 역에서 출발했대."
"우리가 내려야 할 문이 왼쪽인지 오른쪽인지 방송에서 알려주네? 잘 듣고 내려야겠다."
"할머니 댁에 가려면 3번 출구로 나가야 하는데, 어느 쪽일까?"

◇ 주의사항

자동차 길 놀이를 하다 보면 아이가 자동차를 어딘가에 쾅쾅 부딪히는 등 공격적인 모습을 보일 때가 있습니다. 아이가 이러한 행동을 하는 이유로는 스트레스 해소, 내재한 공격성의 표출, 한계에 대한 시험 등이 있는데, 모두 아이의 욕구가 반영된 결과입니다. 아이한테 자칫 공격성이 생길까 봐 아예 못하게 하는 경우가 있는데, 무조건 못하게 막기보다는 정확한 한계를 설정해주는 것이 필요합니다.

"사고 났다고 하고 꽝! 부딪히는 거 재미있어? 그런데 엄마(아빠)가 보기엔 위험한 것 같아."

"자동차를 꽝! 세게 박으면 엄마(아빠)가 다칠 수도 있고 또 자동차가 망가질 수도 있어."

"다칠 위험이 있으니 다른 사람의 자동차에 부딪히는 건 절대 하지 말자. 대신 여기 블록에는 꽝! 부딪혀도 괜찮아."

동물 놀이

동물을 아끼고 사랑하는 마음을 가져요

동물이 살 곳을 만들고 동물을 흉내 내보거나 사육사 역할을 하며 동물에게 먹이를 주고 보살피는 놀이입니다.

○ 준비물 동물 모형 장난감, 동물 인형, 블록

◇ 놀이를 하기 전에

아이가 다양한 동물에 관심을 보인다면 동물이 나오는 책을 보거나 직접 동물원에 가서 동물을 관찰합니다.

"○○가 좋아하는 코끼리 저기 있다! 코끼리는 진짜 코를 위로 쭉 올리네."

"사육사 아저씨가 물고기를 던져주니까 돌고래가 입 벌리는 거 봤어?"

"기린은 목이 길어서 높은 나무에 있는 나뭇잎도 잘 먹나 봐."

◇ 놀이 방법

❶ 아이가 관심을 보이는 동물 모형을 준비합니다. 동물 인형도 괜찮습니다.

"우리 집에 ○○가 좋아하는 동물들이 많이 놀러 왔네."

"○○가 좋아하는 얼룩말이다! 그런데 이 동물은 이름이 뭐였지?"

❷ 주변의 블록을 활용해 동물들이 살 집을 만들어봅니다.

"근데 이 동물들은 어디에서 살지? 아무래도 집이 없는 것 같은데, 우리가 만들어주면 어떨까?"

"어떤 블록으로 집을 만들면 좋을까? 한번 생각해볼까?"

❸ 동물들에게 먹이를 비롯해 필요한 것이 무엇인지 이야기를 나눠봅니다.

"토끼 집에는 또 뭐가 있으면 좋을까? 토끼가 뭘 잘 먹지?"

"기린은 키가 크니까 키 큰 나무들이 있어야 할 것 같아. 배고프면 큰 나무의 나뭇잎도 먹을 수 있을 거야."

❹ 동물이나 사육사 등 각자 역할을 맡아 그에 맞는 이야기를 나누며 놀이 합니다.

"깡충깡충~ 아, 배고파. 나는 싱싱한 풀이 먹고 싶은데 어디로 가야 하지?"

"토끼야, 이리 와. 여기 맛있는 풀이 많이 있어. 많이 먹고 우리 함께 놀이터 로 놀러 가자."

◇ 놀이를 하고 나서

동물 놀이를 어느 정도 했다면 앞서 소개했던 병원 놀이와 결합하여 아픈 동물을 치료해주는 동물병원 놀이로 확장해봅니다.

"우리 집 고양이가 왜 오늘 이렇게 힘이 없지? 어디 아픈가?"

"고양이는 아프면 어디로 가야 하지? 우리는 아프면 소아과로 가는데……."

"맞다! 동물병원에 데려가야겠다. 고양이야, 걱정하지 마. 동물병원에 가면 의사 선생님이 계실 거야."

"선생님, 우리 고양이가 이상하게 밥도 못 먹고 힘이 없어요. 어디가 아픈지 봐주세요."

◇ 주의사항

"우리 아이는 왜 동물에 관심이 없을까요?", "동물원에 데려가도 별로 흥미를 못 느끼는데, 어떻게 하면 동물에 관심을 보일까요?"라는 질문을 하는 부모님들이 간혹 있습니다. 유아 시기에 동물 이름을 꼭 알아야 할 필요도 없고, 동물을 많이 안다고 해서 지능 지수가 더 높지도 않습니다. 그런데 마치 동물에 관심이 없는 아이가 문제가 있는 것처럼 걱정하는 분들이 있습니다. 동물에 관심이 있는 아이와 동물원에 가고 동물원을 만들어보는 놀이를 하는 것은 좋지만, 동물 외에 다른 것에 관심이 있다면 꼭 동물 놀이를 하지 않아도 괜찮습니다. 인형 돌보기를 좋아하는 아이와는 인형 돌보기 놀이를, 자동차를 좋아하는 아이와는 자동차 놀이를 함께해주면 됩니다. 아이의 흥미에서부터 시작한 놀이가 아이의 의사소통 능력을 더 탄탄하게 키워줄 수 있기 때문입니다.

토닥토닥맘 Q&A

Q. 역할 놀이만 좋아하고, 다른 사람의 역할이나 대사까지 정해주는 아이를 어떻게 도와줘야 할까요?

역할 놀이만 좋아한다는 것은, 아이가 다른 놀이보다는 상상해서 역할을 맡는 놀이가 더 재미있기 때문이며, 혼자 노는 것보다는 함께 노는 것을 선호하기 때문입니다. 역할 놀이를 통해 유아 시기에 중요한 모든 영역의 발달을 이룰 수 있기에 사실 역할 놀이만 하는 것이 큰 문제가 되지는 않습니다. 아이스크림 가게 놀이를 좋아하는 아이라면, 어떤 아이스크림을 파는지 메뉴판을 만들어보면서 글자 쓰기, 그리기, 가위로 자르기 등을 할 수 있고, 아이스크림값을 계산하면서 숫자를 만납니다. 자동차 놀이를 좋아하는 아이라면 번호판을 써보면서 숫자를 접하고, 경주 대회에 초대하는 초대장을 만들어보며 글자를 경험할 수도 있습니다. 더 나아가 어떻게 하면 자동차를 멀리 보낼 수 있을지 과학적인 원리도 생각해볼 수 있습니다. 부모는 아이가 한 가지 놀이만 한다고 걱정하기보다는 어떻게 하면 아이가 좋아하는 놀이 속에서 다양한 영역의 발달을 이룰 수 있을지를 고민하는 게 우선입니다.

"엄마(아빠)가 의사 해. 그리고 나한테 '어디가 아파서 오셨어요?'라고 꼭 물어봐야 해"처럼 역할 놀이를 할 때 엄마 아빠에게 어떤 역할을 하라고 정해주기도 하고, 또 어떤 말을 하라고 대사까지 알려주는 아이도 있습니다. 놀이를 주도하려는 마음이 크고, 하고 싶은 놀이 장면이 분명하기 때문입니다. 부모와 놀이할 때는 당연히 부모가 다 받아주고 이해해주지만, 친구와 놀이할 때는 자기가 원하는 대로 되지 않아 속상해하는 경우가 생깁니다. 따라서 집에서 놀이할 때도 다 들어주기보다는 "엄마(아빠)는 지금 그렇게 말하고 싶지 않아. 그런데 네가 자꾸만 그 말을 하라고 하니까 점점 그만 놀고 싶어져", "엄마(아빠)도 의사를 하고 싶은데, 다음에는 바꿔서 하면 어때?"라는 말로 상대방의 마음을 살펴볼 수 있도록 도와주면 좋습니다.

협동 능력
& 감각·신체 놀이

"'나'에서 '우리'로 나아가는 몸과 마음을 만들 수 있어요."

협동 능력이
중요한 이유

✦ 복잡한 문제를 해결할 수 있는 초석 ✦

아이① 물이 이쪽으로 흐르고 있어. 강을 만들려면 이쪽 길을 더 파야겠어.

아이② 지금 물을 떠 오는 것보다는 길을 더 파는 게 필요해. 삽으로 파내는 걸 도와줘.

아이③ 알았어. 내가 어디를 팔까?

아이① 여기 이쪽을 더 파자. 물이 저쪽으로 흐르고 있어. 저쪽을 더 파야 해.

아이③ 좋아! 나의 파워를 보여주지.

아이④ 그럼 나는 여기에 터널을 만들게. 터널 밑을 지나갈 수 있도록…

아이② 터널? 재밌겠다! 길이 더 길어지고 있어. 우리 이제 이쪽에서 만나게 연결하자.

아이③ 이제 물을 부어도 될 것 같아. 한번 부어볼까?

모래 놀이터에서 열심히 놀이하는 만 5세 아이들의 대화입니다. 강을 만들기 위해 삽으로 모래를 파고 물길을 내면서, 또 어떻게 길을 연결할 수 있을지, 또 어떤 일을 먼저 해야 하는지 등을 이야기하며 놀이하고 있습니다. 이렇게 짧은 놀이 장면 속에서도 아이들이 얼마나 많은 문제를 생각하고 판단하고 해결해나가는지가 한눈에 보입니다.

우리 아이들이 살아갈 미래 사회는 지금보다 훨씬 복잡한 문제들이 더 많이 더 빠르게 생길 것입니다. 특히 우리나라에서는 급격한 출산율 저하로 인한 인구 부족 문제, 지구 온난화가 계속되면서 나타나는 기후 문제, 무분별한 자원 소비로 인한 탄소 발생 등 환경 문제, 기후와 환경 문제로 생태계가 변화하면서 맞닥뜨리게 된 새로운 바이러스의 출현, 기계가 점점 인간과 같은 능력을 갖추게 되면서 발생하는 디지털 공간에서의 윤리적인 문제 등이 동시다발적으로 일어나게 될 것이며, 성인이 된 우리 아이들이 이러한 문제를 각자의 위치에서 빠른 협동을 통해 해결해나가야 할 것입니다.

너무 먼일 같아 보이고, 직접적인 상관이 있을까 싶기도 하지만, 유아 시기에 또래들과 함께 놀이하면서 다양한 문제 상황을 맞닥뜨리고 해결하기 위해 다방면으로 생각해보는 일은 아이가 미래를 살아가는 데 분명히 도움이 됩니다. 놀이를 하면서 또래와 함께 이런저런 시도를 해보는 것과 서로 다른 의견을 나누는 과정이 미래 사회에서 만나게 될 예측 불가능한 문제를 수월하게 해결해나갈 수 있는 초석이 되는 셈입니다.

✦ 서로의 다름을 인정해야 발휘되는 힘 ✦

아이① 네가 틀렸어. 이쪽부터 끼워야 한단 말이야.

아이② 아냐. 이쪽부터 끼울 수도 있어.

아이① 진짜 아니야. 내가 하는 방법으로 해야 맞아.

아이② 나는 생각이 달라. 이렇게도 할 수 있어. 한번 봐봐.

아이① 음… 그러네?

교사 당연히 서로 생각이 다를 수 있어. 나랑 생각이 다르다고 해서 "네 생각은 틀렸어"라고 말하면 친구는 속상할 수 있단다. 선생님은 너희들이 "나는 이렇게 생각하는데, 네 생각은 어때?"라고 서로의 생각을 먼저 물어보면 좋겠어.

블록 놀이를 하는 만 4세 아이들의 대화입니다. 아이들은 친구와 함께하는 놀이를 통해 나와 친구의 생각이 다름을 알고, 이 과정에서 다름을 인정하는 연습을 해나갑니다. 이처럼 아이들 사이에서는 각자의 생각을 주장하고 의견이 부딪히는 상황이 많이 생기지만, 부모나 교사 등 성인의 적절한 개입과 도움으로 생각과 의견의 '다름'을 경험하게 됩니다. 이러한 경험은 내 생각이 무조건 맞다고 주장하는 것은 문제 해결에 좋은 방법이 아니며, 서로의 다름을 인정하고 동료와 힘을 모아 최고의 해결책을 찾는 것이 가장 좋은 방법임을 깨닫게 합니다.

✦ 토론하며 가장 좋은 방법을 찾아내는 아이들 ✦

아이① 나도 신데렐라 할래!

아이② 나도! 나도 신데렐라 하고 싶어.

아이③ 안 돼. 그럼 신데렐라가 나까지 3명이잖아.

아이④ 그럼 어떻게 할까?

아이① 신데렐라를 3명이서 같이할까?

아이② 어떻게 3명이 같이해? 신데렐라는 1명이야.

아이④ 그냥 같이해. 내가 왕자를 할게.

아이③ 책에는 1명만 나오는데… 근데 우리는 책이 아니니까 3명이 해도 되지 않을까?

아이② 난 혼자 하고 싶은데…

아이③ 그럼 우리 둘이 먼저 할게. 네가 두 번째에 할래?

아이② 좋아. 그럼 다음번에는 나 혼자 신데렐라 하는 거야.

신데렐라 연극을 준비하는 만 3세 아이들의 대화입니다. 주인공인 신데렐라 역할을 3명의 아이가 동시에 하고 싶어 해서 어떻게 하는 것이 좋을지 아이들끼리 이야기를 나누는 장면입니다. 초반에는 서로 하고 싶은 것만을 이야기하며 분쟁이 일어나는 듯했지만, 결국 아이들은 분쟁에서 토론으로 노선을 틀어 서로에게 가장 좋은 방법을 찾아내어 모두가 원하는 대로 놀이에 참여하게 되었습니다.

아이가 친구들과 함께 놀이하다 보면 자연스럽게 다양한 갈등을 겪게 됩니다. 한 가지 놀잇감을 서로 갖겠다고 싸우기도 하고, 친구가 나랑 놀아주지 않는다고 속상해하기도 하고, 모두 같은 역할을 하고 싶다고 주장하기도 하는 등 여러 가지 문제 상황이 발생합니다. 문제가 생긴다는 것은 곧 해결할 기회를 얻는다는 것이며, 이로써 문제 해결의 방법, 즉 토론을 통해 가장 좋은 방법을 찾는 과정도 자연스럽게 배워나가게 됩니다.

협동 능력을 키우는
부모의 태도

✦ 가족과 함께하는 놀이를 해보세요 ✦

협동 능력을 키워줘야 한다는 마음에 일부러 친구들과 함께 놀이할 기회를 만들어줘야 할 필요는 없습니다. 아이에게 가장 좋은 놀이 파트너이자 협동의 파트너는 내 마음을 가장 잘 알아주는 엄마 아빠입니다. 엄마 아빠와 함께 퍼즐을 맞추고, 블록을 쌓고, 그림을 그리는, 말 그대로 '함께'하는 모든 놀이가 협동 능력 발달의 시작점입니다. 이렇게 부모님과 놀이를 해본 아이들은 순서를 기다리거나 설명을 듣는 등 친구와 함께하는 놀이에도 즐겁게 참여할 수 있습니다. 따라서 가정에서 아이와 함께 놀이할 때는 서로의 생각을 잘 표현해보는 연습을 하는 것이 이후 친구와 함께하는 놀이에도 도움을 줄 수 있습니다.

부모	엄마(아빠)한테 네 생각을 이야기해줄래?
아이	저는 지금 이 부분을 크게 만들고 싶어요.
부모	오, 좋아! 그렇게 네 생각을 말해주니 금방 알겠어. 그런데 엄마(아빠)는 저 부분도 더 크게 만들고 싶거든. 이 생각은 어때?
아이	좋아요. 그럼 저는 이쪽을 만들 테니까, 엄마(아빠)는 저쪽을 만드세요.
부모	그래. 우리가 서로의 마음을 잘 알았으니, 완성하면 분명히 더 근사할 거야.

✦ 아이가 흥미 있어 하는 놀이로 시작해주세요 ✦

만 6세 유치원 교실, 쌓기 놀이 영역에서 ○○가 나무 블록으로 주차장을 짓고 있습니다. 때마침 그 모습을 지켜보던 한 친구가 "○○야, 나랑 같이하자!"라고 말하면서 다가옵니다. 또 다른 친구도 "나도 같이하자!" 하고 다가옵니다. 그렇게 세 친구는 각자의 자동차를 가지고, 주차장을 함께 만들었습니다. 3명이 함께 힘을 모으니 주차장은 금방 완성되었고, 주차장에서 나오는 길과 주차장으로 들어가는 길을 연결하는 등 주차장과 마을을 만들어 자동차 놀이를 즐겁게 이어나갔습니다.

아이들은 흥미가 없는 놀이에는 집중하고 참여할 능력이 없습니다. 이미 1장에서도 놀이가 아이의 흥미에서부터 시작할 때 진짜 놀이가 되고 놀이의 효과를 볼 수 있다고 언급한 바 있습니다. 협동 능력을 키우는 놀이도 마찬가지입니다. 앞서 나온 놀이 장면을 보면 교사가 함께 놀이하라는 어떠한 지시도 하지 않았는데, 한 아이가 주차장을 짓기 시작하자 저절로 자동차를 좋아하는 2명의 친구가 다가와 다 같이 협동하여 주차장과 마을을 만들었습니다. 이때 자동 차나 블록에 관심이 없는 아이(이를테면 색종이 접기를 좋아하는 아이) 에게 함께하라고 했다면 즐거운 경험이 될 수 없었을 것입니다.

이처럼 협동 능력을 키워주기 위해서는 놀이를 할 때 아이의 흥미 를 고려해서 좋아하는 것을 함께하는 경험을 쌓아가는 과정이 중요 합니다. "~하고 싶어", "나랑 같이하자"와 같은 언어적 표현이 가능 한 아이는 스스로 관심과 흥미를 표현하지만, 언어적으로 표현하기 어린 나이 혹은 부끄러움이 많아 원하는 바를 말하기 힘들어하는 아 이는 '시선'이 어디에 가 있는지를 보면 흥미 파악이 가능합니다. '시 선'이 오랫동안 머무는 곳이 곧 아이가 흥미를 보이는 것입니다.

✦ 뚜렷한 승패가 없는 놀이를 해주세요 ✦

"야, 우리가 졌잖아. 네가 더 빨리 달렸어야지."

"야, 왜 내 탓을 해? 너도 빨리 안 달렸잖아."

아이들에게 협동 능력을 키워주기 위해서 2명씩 손잡고 달리 기를 하게 했습니다. 두 팀이 나와 서로 손을 끈으로 묶고 진행하 는 달리기로, 결승선에 먼저 도착하면 이기는 경기였습니다. 당

아이의 협동 능력을 키워주는 놀이는 서로의 마음을 잘 알아서 서로의 생각을 잘 모을 수 있으면 충분합니다. 2명씩 손을 잡고 반환점을 한 바퀴 돌고 오는 놀이였다면 승패 없이 모두 협동해보는 경험을 했을 텐데, 괜히 두 팀을 경쟁시켜 한 팀은 좋지 않은 경험을 하게 된 것입니다. 협동 능력 발달을 위해 놀이를 계획한다면 승패가 있는 놀이보다는 모두 노력해서 성취감을 경험할 수 있는 놀이가 훨씬 좋습니다. 이를테면 아이들이 팀을 나눠 블록으로 건축물을 만들거나 커다란 그림을 그리는 등의 놀이를 한다면, 누가 잘했는지 1등, 2등의 순위를 정하기보다는 전시회를 열어 협동 작품을 발표하는 등의 시간을 가져보는 방향이 훨씬 좋다는 것입니다. 이러한 놀이를 함으로써 아이는 혼자 하는 것보다 함께하는 것이 또 다른 즐거운 경험임을 깨닫고, 이 경험이 점점 쌓이고 쌓여 나중에 아이가 성인이 되었을 때 다양한 사람과 함께하는 협동 작업을 우수하게 해내는 능력의 기반으로 작용할 것입니다.

✦ 누군가와 함께한 아이에게
긍정적인 피드백을 해주세요 ✦

(아이가 엄마 아빠와 함께 블록으로 높은 건물을 세웠을 때)
"우아! 엄마 아빠랑 같이 힘을 모았더니 어느새 10층짜리 높은 빌딩을 세웠네."
(두 아이가 퍼즐을 함께 맞췄을 때)
"처음엔 좀 어려워하더니, 둘이 마음을 모으고 노력하는 모습이 정말 보기 좋았어."
(여러 명의 아이들이 가게 놀이 준비를 마쳤을 때)
"역시 너희가 힘을 모으니 벌써 준비가 끝났구나. 빵을 많이 만들었으니 지금부터 빵을 팔아보자."

아이가 누군가와 함께 놀이를 해서 결과가 나왔다면 그에 대한 긍정의 피드백을 꼭 해줘야 합니다. 긍정의 피드백을 통해 아이의 성취감은 2배가 되며, '나는 누군가와 함께하는 일을 잘하는 사람'이라는 자아 형성에 도움을 주기 때문입니다. 칭찬할 때는 "잘했어!", "성공했어!"와 같이 결과 중심이 아닌, "어려워하더니, 너희가 포기하지 않는 모습이 정말 멋있었어!"와 같이 과정에 초점을 맞추고 노력한 부분을 인정해주는 것이 훨씬 효과적입니다.

협동 능력을 키우는
감각·신체 놀이

감각·신체 놀이는 참여한 아이들에게 상호 작용하는 기회를 제공하여 서로에게 주의를 기울이고 소통하도록 돕습니다. 특히, 표현 언어로 소통하는 것이 어려운 아이들(발달상 언어 표현이 어려운 시기이거나 언어 지연으로 표현에 도움이 필요한 아이들)에게도 몸으로 소통하는 기회를 줘서 결국 함께해낼 수 있다는 자신감을 경험하게 합니다. 특별한 대화 없이 함께 모래 언덕을 만들고 공을 나르는 것만으로도 함께해냈다는 성취감을 느끼게 되는 것입니다.

감각과 신체를 이용하는 놀이는 아이들이 직접 자기 몸을 움직이면서 스스로 어떤 동작을 할 수 있는지 신체 조절 능력을 이해하도록 돕습니다. 또 친구의 신체 조절 능력을 살핀 다음, 나의 신체 움직임을 조절해 상대에게 맞춰보기도 합니다. 이를테면 손을 잡고 반환점을 돌아오는 달리기 놀이에서 친구가 나보다 천천히 달린다면 내가 속도를 줄여 넘어지지 않도록 조절하여 목표를 함께 달성하는 것입니다. "천천히 가", "넘어질 것 같아"와 같은 대화를 굳이 주고받지 않아도 서로의 움직임을 감각적으로 알고 맞춰 협동하는 것이 가능해지도록 만드는 셈입니다.

다 같이 힘을 합쳐 모래성을 크고 높게 쌓아요

모래를 이용해 크고 높은 모래성을 쌓아보는 놀이입니다. 아이는 부모님 혹은 친구들과 힘을 모아 모래성을 크고 높게 쌓으면서 협동이 무엇인지를 경험합니다.

> 추천 연령
> 만 2~6세

○ 준비물 모래, 컵, 그릇, 모래 놀이용 삽

◇ 놀이를 하기 전에

바닷가나 모래 놀이터에서 모래를 만지며 어떤 느낌이 드는지 이야기를 나눠봅니다.

"바닷가에 오니까 모래가 참 많다. 발로 밟아보니 기분이 어때?"

"우리 지난여름 바다에 갔을 때 만졌던 모래 기억나? 여기 놀이터에도 똑같은 모래가 있네.”

◇ 놀이 방법

❶ 모래 놀이터 등 모래가 있는 곳에 가서 모래로 자유롭게 놀이할 수 있도록 합니다. 물을 섞어도 좋고, 컵이나 그릇, 모래 놀이용 삽 등도 이용해 봅니다.

“모래에 물을 부으니까 색깔이 변했네.”
“모래를 동그란 통에 담아서 뒤집었더니 케이크 모양이 되었어.”

❷ 모래를 함께 쌓아보자고 제안합니다.

“엄마(아빠)는 모래를 이렇게 높이높이 쌓아보는 중이야.”
“○○도 같이할래? 높은 성을 만들려면 ○○의 도움이 꼭 필요해!”

❸ 모래성의 모양을 여러 가지로 생각한 다음, 실제로 표현해봅니다.

“여기는 어떤 모양으로 만들어볼까? 성으로 들어가는 문은 어때?”
“○○는 윗부분을 뾰족하게 만들었네. 진짜 멋지다!”

❹ 긍정적으로 피드백을 해주며 협동하는 놀이에 대한 좋은 기억을 심어줍니다.

“엄마(아빠)가 혼자 했다면 정말 힘들었을 텐데, ○○가 도와줘서 최고로 멋진 성을 만들 수 있었어.”
“역시 혼자 하는 것보다는 힘을 모으면 뭐든 쉽게 할 수 있어.”

◇ 놀이를 하고 나서

모래성 꼭대기에 나뭇가지를 꽂고 나뭇가지가 쓰러지지 않을 만큼 서로 번갈아가며 아래쪽 모래를 조심조심 가져오는 놀이를 해봅니다.

"나뭇가지가 쓰러지지 않도록 밑에서 모래를 파내는 놀이야."
"나뭇가지를 잘 피해서 엄마(아빠)는 모래를 이만큼 가져왔어."
"○○도 조심조심… 우아, 꽤 많이 모래를 가져왔잖아."

◇ 주의사항

모래를 활용한 놀이는 아이가 직접 몸을 움직여서 만지고 감각적으로 느끼는 놀이이기 때문에 감각·신체 발달에 도움이 됩니다. 하지만 손에 무언가 묻는 것을 싫어하는 아이라면 모래 놀이를 거부할 수도 있습니다. 아이가 모래를 거부한다면 억지로 강요하기보다는 적응할 시간을 충분히 주는 것이 좋습니다. 바닷가에 간 상황이라면 "모래가 발에 묻는 게 싫으면 돗자리에 앉아. 돗자리에 앉아서 삽으로 한번 파볼래?"라고 하거나, 모래 놀이터에 간 상황이라면 "모래가 신발 속에 들어가는 게 싫은 거지? 엄마(아빠)가 모래를 통에 담아왔어. 여기서 한번 해볼까?"라고 하면서 모래를 조금씩 경험하게 합니다. 그런데도 모래를 만지는 느낌을 싫어하거나, 손에 묻히기를 거부한다면 쌀이나 콩, 마카로니와 같이 모래보다 조금 더 큰 알갱이로 놀이를 시도해보는 방법을 추천합니다.

거품 놀이

다 같이 힘을 모아 거품을 점점 크게 만들어요

추천 연령
만 2~6세

물놀이나 목욕을 하면서 거품으로 자유롭게 모양을 만들다가 다 같이 힘을 합쳐 점점
더 큰 거품을 완성하는 놀이입니다.

○준비물 비누, 스프레이형 버블 클렌저, 버블 입욕제

◇ 놀이를 하기 전에

목욕 시간에 물을 이용해 놀이하는 경험을 해봅니다. 욕조에 물을 받아
들어가보거나, 컵에 물을 담았다가 쏟아봅니다.

"컵에 물을 담아서 옮기고 있구나."
"물속에서 첨벙첨벙 수영하는 것처럼 발장구를 쳤네."

◇ 놀이 방법

❶ 목욕할 때 물놀이를 하면서 거품을 만듭니다. 거품은 비누를 문질러 만들 수 있으며, 스프레이형 버블 클렌저나 버블 입욕제 등을 활용하면 조금 더 쉽게 만들 수 있습니다.

"오늘은 엄마(아빠)가 거품을 많이 만들 수 있는 걸 준비했어. 여기를 이렇게 꾹 누르면 거품이 나와."
"거품이 정말 많이 나오지? 거품을 만지니까 어떤 느낌이 들어?"

❷ 거품을 만지면서 아이가 원하는 대로 다양한 놀이를 합니다. 거품을 그릇에 담아보기도 하고 벽에 문질러 그림을 그려보기도 합니다.

"○○는 거품을 그릇에 한가득 담았구나."
"거품을 벽에 마음껏 문질러보자. 벽이 거품으로 가득 차겠는데?"

❸ 아이와 부모가 함께 만든 거품을 모아서 점점 더 커다란 거품을 만들어봅니다.

"엄마(아빠) 거품이랑 합체해볼까? 그래서 우리 더 큰 거품을 만들어볼까?"
"거품을 모으고, 모으고… 우리 둘의 힘도 모으고, 모으고… 우아, 점점 더 커지고 있어!"

❹ 여러 가지 거품의 모양을 각기 다른 어휘로 표현하고, 거품의 크기도 비교합니다.

"이 거품은 진짜 길쭉해. 왠지 뱀 모양 같아. 그 거품은 어떤 모양이야?"
"어떤 거품이 제일 큰지 비교해볼까? 그리고 가장 작은 거품도 찾아볼까?"

◇ 놀이를 하고 나서

함께 만든 거품으로 거품 불기 놀이를 하거나 거품에 색을 더해(색깔 버블 클렌저 혹은 스프레이형 물감 이용) 색깔 거품을 만들어 컵에 담아 주스 가게 놀이를 해봅니다.

"후~ 엄마(아빠)가 만든 거품은 저기까지 날아갔어."
"○○도 불어볼래? 우아, 비눗방울처럼 날아가는데? 엄마(아빠) 거품보다 훨씬 멀리 갔네."
"딸기랑 바나나 맛 섞은 주스 있나요? 이 컵에 담아주세요. 얼마예요?"

◇ 주의사항

욕실에서 물과 거품을 가지고 놀이할 때는 항상 벽과 바닥이 미끄럽지는 않은지 안전에 주의를 기울여야 합니다. 욕조에 물을 가득 받았다면 미끄러져서 물속으로 가라앉는 일이 생기진 않을지도 잘 살펴야 합니다. 그리고 놀이에 사용하는 버블 클렌저나 스프레이형 물감은 아이의 피부에 직접 닿기 때문에 믿을 만한 기관에서 시행하는 피부 자극 성분 테스트를 통과했는지 꼭 확인하는 것이 중요합니다.

2인 3각 놀이

속도보다는 협동과 안전이 중요해요

두 사람이 각각 한쪽 발을 내밀어 묶고 천천히 걸어보는 놀이입니다. 발을 잘 맞춰서 움직여야 넘어지지 않고 걸을 수 있어 협동심을 경험하는 데 좋습니다.

○ 준비물 고무줄

◇ **놀이를 하기 전에**

아이와 손을 잡고 반환점을 돌아오는 놀이를 합니다.

"우리 손잡고 저기(의자를 놓아서 반환점 정하기)까지 걸어갔다가 돌아오는 거 해볼래?"

"우리가 손을 꼭 잡고 방향을 잘 맞춰야 쉽게 돌아올 수 있어!"

◇ 놀이 방법

❶ 아이와 부모가 함께 서서 각자 한쪽 발목을 내밀어 고무줄로 묶은 다음에 함께 걸어봅니다. 두 사람인데 발은 셋이라 2인 3각입니다.

"우리 이번에는 각자 발 하나씩을 묶고 걸어갈 거야. 그래서 잘 걸어가려면 이쪽 다리는 항상 같이 움직여야 해."

"한번 걸어볼까? 이 발은 우리가 같이 움직이는 거야. 하나둘, 하나둘!"

❷ 의자나 가방 등으로 반환점을 정한 다음, 반환점까지 갔다가 돌아옵니다.

"이번에는 저기 멀리 있는 의자까지 갔다가 와볼까?"

"혼자서만 빨리 가려고 하면 넘어질 수 있거든. 천천히 하나둘 잘 맞춰서 가보자."

❸ 걷기를 마치고 나서 느낌이 어땠는지 이야기를 나눠봅니다.

"우아, 도착! 우리 둘 다 안 넘어지고 잘 갔다 왔어. 이렇게 한쪽 발을 묶으니 어땠어?"

"진짜 우리가 하나가 된 것 같았어. 마음을 모아서 박자를 잘 맞췄거든."

◇ 놀이를 하고 나서

한쪽 발을 묶고 움직이는 연습을 충분히 했다면, 반환점에 과자를 매달아놓은 후에 따 먹고 돌아오는 놀이로 확장할 수 있습니다. 빨래 건조대를 이용해 과자를 매달거나, 혹시 매달 곳이 없다면 테이블 위에 올려놓고 먹는 것으로 해도 괜찮습니다. 이때 아이가 좋아하는 간식을 활용하면 더 재미있게 놀이할 수 있습니다.

"이번에는 반환점에 있는 과자를 먹고 돌아오는 거야."

"진짜 기대되지? 우리 서로 마음을 잘 맞춰서 과자를 먹고 오자."

◇ 주의사항

놀이를 하기 위해 발목을 묶을 때 탄성이 없는 끈을 사용하면 발목에 자국이 진하게 생기거나 심하면 멍이 들 수 있으므로 고무줄이나 압박 붕대와 같이 되도록 탄성이 있는 것을 사용합니다. 발목을 안전한 고무줄로 묶었더라도 빨리 달리려고 하면 넘어질 위험이 있습니다. 넘어져서 부딪힐 만한 것이 없도록 주변을 정리하고, 또 충분한 공간을 확보해주세요. 승부욕이 넘치는 아이들은 빨리 달려서 갔다가 돌아오려고 애를 쓰는데, "빨리 가는 건 중요하지 않아. 우리 둘이 마음을 잘 모아서 넘어지지 않고 안전하게 갔다가 돌아오는 것이 더 중요해"와 같은 이야기를 함으로써 빨리 가는 것이 목표가 아님을 잘 설명해줘야 합니다.

풍선 옮기기 놀이

다양한 방법을 시도해 최고의 방법을 찾아요

추천 연령
만 4~6세

풍선은 가볍고 탄성이 있어 공이나 다른 놀잇감보다 바닥으로 잘 떨어지지 않아, 협동 능력을 키우는 놀이에 활용하기 좋습니다. 손으로 풍선을 잡지 않고 서로의 몸만을 사용해 지정한 곳까지 풍선을 옮기는 놀이입니다.

○준비물 풍선

◇ 놀이를 하기 전에

아이와 풍선으로 다양한 활동을 해봅니다. 풍선 함께 불기, 풍선 불어 손으로 치기, 풍선 손으로 치면서 주고받기, 높이 매달려 있는 풍선 쳐보기, 허리에 풍선 달고 꼬리잡기 등 풍선을 즐겁게 활용해봅니다. 그리고 풍선의 특성(가볍고, 탄성이 있고, 툭 치기만 해도 잘 움직이는)을 충분히 경험하면서 친숙해지도록 합니다.

"엄마(아빠) 풍선이 간다, 잡아봐!"
"○○가 점프해서 높이 있는 빨간 풍선까지 닿았네!"

◇ 놀이 방법

❶ 손으로 풍선을 잡지 않고 어떻게 옮길 수 있을지 아이와 함께 생각을 나눠봅니다. 아이가 쉽게 생각을 떠올리지 못하면 부모가 예시를 들어줘도 괜찮습니다.

"풍선에 손을 대지 않고 우리가 옮길 수 있을까?"
"어떻게 해야 손을 대지 않고 풍선을 잡을 수 있을까?"

❷ 풍선을 잡을 방법을 정한 다음, 손을 대지 않고 풍선을 옮겨봅니다.

"○○가 말한 대로 풍선을 어깨로 옮겨보자."
"저기 바구니까지 풍선을 떨어뜨리지 않으려면 조심조심 걸어가야겠다."

❸ 풍선을 잡을 또 다른 방법을 이야기하여 규칙을 바꿔가면서 풍선을 옮겨봅니다. 놀이를 할 때 한 가지 방법을 넘어 다양한 생각을 떠올릴 수 있도록 질문하는 것은 창의적 사고력 발달에도 도움이 됩니다. 이때, 아이가 생각해낸 어떤 방법이라도 인정하고 시도해보는 부모의 태도가 중요합니다.

"어깨로 옮기는 건 정말 아슬아슬했어."
"이번엔 어떻게 옮겨볼까? 이 보자기에 담아서 옮겨보면 어떨까?"

❹ 여러 가지 방법을 시도해본 다음, 놀이에 대해 이야기를 나눠봅니다.

"손을 대지 않고 풍선을 옮기는 방법에 대해 여러 가지 생각을 했네. 어떤 방법이 가장 쉽고, 어떤 방법이 가장 어려웠어?"

"엄마(아빠)는 ○○랑 꼭 껴안고 풍선을 옮길 때 정말 행복하고 좋았어!"

◇ 놀이를 하고 나서

타이머를 이용해 각각의 방법을 사용해서 풍선을 옮겼을 때 얼마나 시간이 걸리는지를 기록합니다. 여러 가지 방법(어깨로 옮기기, 보자기로 옮기기, 껴안아 옮기기 등)을 시도한 후 각 기록을 비교할 수 있습니다. 어떤 방법으로 했을 때 가장 빨리 옮겼는지, 어떤 방법이 가장 효율적이었는지를 기록을 살펴보면서 분석합니다. "어떻게 했을 때 가장 빨랐어? 우아, 보자기로 옮기기는 10초밖에 안 걸렸네. 보자기로 옮기기가 가장 빨랐네." 이러한 과정은 아이에게 시간과 숫자에 대한 개념, 비교해서 분석해보는 사고도 길러줄 수 있습니다.

◇ 주의사항

신체를 활용해 풍선을 옮기는 놀이를 할 때는 풍선이 터지지 않도록 최대한 주의를 기울여야 합니다. 몸으로 꽉 눌러도 잘 터지지 않으려면 풍선을 작게 불어야 합니다. 놀이하다가 혹시 풍선이 터져서 풍선 조각이 생긴다면 아이가 입에 넣거나 빨아들이지 않도록 주의를 시켜 기도가 막히는 일이 절대 발생하지 않게 합니다.

나무 만들기 놀이

손바닥 나뭇잎으로 큰 나무를 완성해요

전지에 큰 나무(밑그림으로 그리기, 큰 상자로 나무 모양 만들기)를 준비하여 손바닥에 물감을 묻힌 다음에 자유롭게 찍어 나무를 꾸미는 놀이입니다. 나뭇가지만 있는 큰 나무에 나뭇잎을 달아주는 것입니다.

추천 연령
만 2~6세

ㅇ준비물 전지, 택배 상자, 물감, 연필, 색연필

◇ 놀이를 하기 전에

《아낌없이 주는 나무》,《커다란 나무》,《마지막 나무》 등 나무와 관련된 책을 보거나 밖에서 나뭇잎이 풍성한 나무를 함께 본 다음에 이야기를 나눠봅니다.

"저기 보이는 커다란 나무는 진짜 나뭇잎이 많네, 나뭇잎은 공기를 맑게 해주고, 우리에게는 그늘도 만들어준단다.”
“책에 나오는 이 나무를 보니 나무는 우리에게 정말 많은 것을 주네. 진심으로 고마운 일이야.”

◇ 놀이 방법

❶ 전지에 큰 나무를 그려서 벽에 붙입니다. 또는 택배 상자를 넓게 펼친 다음에 잘라서 나무를 만들어도 좋습니다.

“우리 집에도 큰 나무가 생겼어.”
“근데 이 나무는 나뭇잎이 없어서 좀 쓸쓸해 보이는데?”

❷ 나뭇잎을 만듭니다. 물감이나 색연필로 나뭇잎을 그려도 좋고, 물감 묻힌 손바닥을 찍어 나뭇잎을 만들 수도 있습니다.

“어떤 방법으로 나뭇잎을 만들까? 색연필로 그릴까? 물감으로 찍어볼까?”
“좋아! 그럼 손바닥 도장을 찍어보자.”

❸ 힘을 모아 큰 나무를 완성하는 과정을 말로 표현합니다. 아이는 지금 내가 하는 행동(물감 묻힌 손바닥 찍어 나뭇잎 만들기)에만 초점을 맞추고 있기에 지금 뭘 하고 있는지(같이 나무를 만들고 있고, 어느 정도 완성했는지)를 알려주는 것이 필요합니다. 이로써 원래 목표(큰 나무 만들기)를 다시 떠올려 현재 행동(힘을 모아 큰 나무를 만들고 있는 것)에 의미를 부여합니다.

“나무가 너무 커서 우리가 힘을 모아야겠어. ○○는 작은 나뭇잎, 엄마(아빠)는 큰 나뭇잎… 나뭇잎이 점점 많이 생기고 있네.”
“나무야, 우리가 나뭇잎을 많이 만들어줄 테니까 조금만 기다려. 우아, 나무가 점점 완성되고 있어.”

❹ 완성된 나무를 살펴보면서 이야기를 나눠봅니다.

"우리가 함께 만든 나무가 어떤 것 같아?"
"나뭇잎이 잔뜩 생겼는데, 지금 나무의 기분은 어떨까?"

◇ 놀이를 하고 나서

나뭇잎을 달아준 나무에 꽃과 열매를 장식해 더 풍성하게 변신시켜봅니다. 꽃과 열매는 그림으로 그려도 좋고, 색종이로 만들어줘도 좋습니다. 이미 완성된 작품에 또 다른 아이디어를 더해 확장해보는 과정은 놀이의 연장을 도와줘 놀이에 집중하는 시간을 더 길게 늘려주는 효과가 있습니다.

"나뭇잎은 풍성해졌는데, 나무에 또 뭐가 필요할까?"
"맞아. 우리가 본 나무에는 열매가 달려 있었지? 어떤 열매가 좋을까?"
"나뭇잎만 있던 나무에 사과를 열리게 했더니 나무가 더 아름다워졌어."

◇ 주의사항

아이가 그리거나 만들기 작품을 완성했을 때, 벽에 붙여주기, 액자에 넣어주기, 장식장에 올려주기 등과 같이 집 안에서 눈에 띄게 잘 전시해주면 아이에게 긍정적인 효과를 불러일으킬 수 있습니다. 내가 노력해서 완성한 작품을 소중하게 대해주고 인정받아본 경험을 통해 아이는 '내 작품이 소중하구나', '내 작품을 엄마(아빠)가 자랑스러워하는구나'라고 느끼며 자존감을 키웁니다. 그리고 집 안을 오가며 작품을 보면서 또 하고 싶은 마음을 자극해 "이 놀이 또 하자", "이 놀이 또 하고 싶어" 등 놀이 선택에 있어 주도성을 발휘할 기회를 제공하기도 합니다.

토닥토닥맘 Q&A

Q. 친구와 함께하는 놀이가 유독 힘들고 어려운 아이, 어떻게 도
와줘야 할까요?

협동 능력이 중요하다고 해서 "친구랑 같이 놀아", "친구랑 장난감 나눠
써야지", "친구에게 양보하고 나눠 주자"라고 이야기하며 함께 놀이할 것을
억지로 강요해서는 안 됩니다. 친구와 함께 놀이하고 장난감을 나눠 쓰는
경험은 스스로 마음에서 우러나올 때 가능한 것으로, 마음에서 우러나오려
면 친구와 즐겁게 놀이하는 긍정적인 경험이 많이 쌓여야 합니다. 억지로
친구와 함께하라고 한다면 아이는 오히려 나만의 경계가 더 뚜렷해져 친구
와 함께할 마음이 생기지 않습니다.

친구와 놀이하기 전에 내 마음을 표현하는 것이 우선입니다. 내가 쓰던
장난감을 친구가 만지작거린다면 "내가 쓰던 거야. 다 쓰고 너 빌려줄게"라
고 이야기할 줄 알아야 하며, 친구의 장난감을 쓰고 싶다면 "나도 한번 갖고
놀고 싶은데, 빌려줄 수 있어?"라고 물어볼 수 있어야 합니다. 이렇게 내 마

음을 표현하고 친구에게도 질문하는 일이 가능해진다면, 친구와 갈등이 생겨도 '이렇게 말하면 되는구나', '이렇게 표현하면 친구가 내 마음을 알아주는구나'를 깨달아 비로소 친구와 함께 놀이하는 즐거움을 경험할 수 있습니다.

비판적 사고력 & 수·과학 놀이

"'왜'와 '어떻게'를 가장 재미있게 배울 수 있어요."

비판적 사고력이 중요한 이유

✦ 빠르고 올바른 선택을 하는 힘 ✦

모두의 예상보다 빠른 변화, 또 다양한 변화가 동시다발적으로 일어날 미래 사회에서 '올바른' 선택보다 중요한 것은 '빠르고 올바른' 선택입니다. 변화는 그 누구도 기다려주지 않으며, 예측 불가능한 변화에 적응하고 빠른 결정을 내려 최고의 결과를 만들어내는 사람이 미래의 리더가 될 수 있습니다.

아이들이 놀이를 하다 보면 이렇게 빠른 결정을 내려야 하는 순간들을 많이 마주합니다. 보드게임을 할 때는 조건에 맞는 카드를 찾기 위해 끊임없이 빠른 판단을 해야 하고, 역할 놀이를 할 때는 내가 좋아하는 역할을 맡기 위해 빠른 결정을 내려야 하며, 만들기 놀이를 할 때는 제한된 재료 중에서 나에게 필요한 재료를 가져오기 위해 빠른 결정과 판단을 동시에 해야 하며, 누군가 나보다 빨리 결정해서 기회를 놓쳤다면 차선책도 역시 빠르게 생각해야 합니다. 놀이를 하면서 자연스럽게 빠른 선택을 하고, 결정을 내려본 아이들은 미래 사회에서 누구보다 빠르고 올바른 결정으로 미래를 이끌어나갈 리더의 자질을 조금씩 키워나가는 중입니다.

✦ 의견을 명확하게 전달할 수 있다 ✦

"나는 그렇게 하기 싫어. 여기는 더 긴 블록을 끼워야 한단 말이야. 내가 남산서울타워에 가서 봤는데, 이 부분이 가장 길었거든? 여기 사진도 한번 봐봐. 위로 갈수록 길어지잖아. 그러니까 여기는 더 긴 블록을 끼워야 해." (친구와 블록으로 남산서울타워를 만들고 있는 만 6세 아이)

"나는 빨간색이 더 필요할 것 같아. 우리가 원하는 색을 만들려면 빨간색을 좀 더 섞어야 해. 자, 이걸 한번 봐봐. 우리가 처음 생각한 색은 이거였어. 2개를 같이 보니까 어때? 노란색이 더 필요할까? 빨간색이 더 필요할까?" (친구와 함께 미술 놀이를 하며 물감을 섞고 있는 만 5세 아이)

두 아이는 친구의 의견을 그대로 받아들이는 것이 아니라, 정확한 자료를 내세워 비교하고 분석하며 자신의 의견을 조목조목 전달하고 있습니다. "내 말이 맞아!"라고 무작정 우기기보다는 이렇게 근거를 제시해 의견을 이야기하면 더 설득력이 생기고 정확한 의사 전달이 가능해집니다. 아이들은 놀이를 할 때 각자 생각하는 바가 분명하며, 그래서 내 생각을 명확하게 전달하기 위해 다양한 표현을 시도합니다. 그중 한 가지 방법이 앞에서 언급한 근거를 제시해 설명하는 전략이며, 이는 비판적 사고력이 뒷받침될 때 성공할 수 있습니다.

✦ 창의적 사고력과 문제 해결력의 씨앗 ✦

앞에서 짚고 넘어간 창의적 사고력은 상황에 대한 정확한 판단, 즉 비판적 사고에서 시작됩니다. 특정 상황에서 장단점이 무엇인지 빠르게 판단해야 더 나은 방법을 생각할 수 있기 때문입니다. "왜 그럴까?", "왜 다를까?", "왜 이렇게 됐을까?" 등의 비판적 사고를 할 수 있을 때 "그럼 어떻게 할까?", "더 나은 방법으로는 뭐가 있을까?"와 같은 창의적 사고가 가능해집니다. 그래서 2가지 과정이 연속적으로 일어나는 경험이 쌓이면 문제 해결력을 키울 수 있는 것입니다. 특히 놀이는 학습과 비교했을 때 아이 스스로와 연관된 문제, 아이가 일상에서 겪는 문제와 맞닿아 있기에 더 쉽게 비판적 사고와 창의적 사고를 통한 문제 해결력을 키울 수 있습니다. 다음은 주말에 케이블카를 타고 온 만 5세 ○○가 블록 놀이를 하다가 케이블카가 만들고 싶어져 유치원 선생님과 대화하는 모습입니다.

아이   선생님, 케이블카를 만들어야 해서 긴 줄이 필요해요.

교사   그래? 이 털실로 하면 어때?

아이   선생님, 근데 여기에 매달고 싶은데, 어떻게 해요?

교사   케이블카가 움직이게 매달고 싶은 거야? 뭘로 연결해야 움직일까?

아이   그냥 묶으면 안 움직이니까… 동그란 링 같은 게 있으면 좋겠어요.

교사   선생님이 서랍에서 링을 찾아볼게. 이거면 될까?

아이   근데 저절로 내려오게 하려면 이쪽을 높이 붙여야 하는데…….

교사   어디에 붙이면 될까?

아이   블록에 붙였더니 블록이 무너져요.

교사   그럼 무너지지 않는 튼튼한 곳이 필요하겠네?

아이   아! 그럼 이쪽 벽에 붙이면 어떨까요?

대화를 살펴보면 아이는 끊임없이 비판적 사고를 하며 상황을 정확하게 판단하여 문제가 무엇인지, 무엇이 필요한지를 알고 있습니다. 선생님은 비판적 사고에서 창의적 사고로 이어지는 질문을 하고, 아이가 결국 문제를 해결하는 모습을 볼 수 있습니다. 이러한 과정은 자발적인 놀이를 통한 호기심에서 출발하며, 호기심은 비판적 사고와 창의적 사고를 거쳐 문제 해결력에 다다른다는 사실을 알 수 있습니다.

비판적 사고력을 키우는
부모의 태도

✦ 개방적이고 과정 중심의 놀이 환경을 마련해주세요 ✦

어떤 정보를 그대로 받아들이지 않고 의문을 가지거나 논리적인 근거를 생각하는 비판적 사고를 하려면 하나의 정보만을 받아들여서는 안 됩니다. 주식 투자를 할 때 한 회사만 보는 게 아니라 전체적인 시장의 흐름을 살펴보고 분석하는 것처럼 다양한 상황을 동시에 인지하고 필요한 정보를 받아들여 더 나은 선택을 하는 과정이 필요합니다. 그러기 위해서는 동시다발적으로 일어나는 변화에 민감하게 반응하고 그에 따른 결과를 예측할 수 있어야 합니다. 이러한 능력은 역시 너무 먼일 같아 보이지만, 유아 시기에 놀이를 통해 다양한 상황을 경험하는 것으로부터 키울 수 있습니다.

어린이집에 다니는 만 4세 ○○는 아침마다 교실에 들어와 어떤 놀이를 먼저 할지 고민합니다. 오늘은 미술 영역에서 놀기로 한 ○○는 카메라를 만들고 싶었습니다. 카메라를 만들기 위해 무엇이 필요할지 재료를 둘러보고, 그중에서 작은 상자와 종이컵, 그리고 색종이를 선택했습니다. 상자에 종이컵을 붙인 다음, 거기에 자기가 가장 좋아하는 색깔의 색종이를 붙여 카메라를 만들었습니다.

앞서 나온 놀이 장면을 살펴보면 아이가 교실에 들어와 '어떤 놀이를 할까?' 고민하고 선택하는 일에서부터 비판적 사고가 시작된다는 사실을 알 수 있습니다. 오늘 내가 어떤 놀이를 할 수 있는지 둘러본 다음, 내가 가장 하고 싶은 놀이를 선택한 것입니다. 그사이에는 카메라를 만들기 위해 어떤 재료가 가장 적합한지 고민하고 선택한 과정도 있었습니다.

유아 시기의 아이들은 내가 하고 싶은 놀이를 할 때 선택하고 집중하며 사고할 수 있습니다. 놀이를 하는 상황에서 다양한 선택지를 만나고, 그 안에서 자기에게 맞는 선택을 하는 과정을 거치며 비판적 사고력이 자연스럽게 길러집니다. 이때 중요한 사실은 누군가가 "오늘은 □□ 놀이를 할 거야. 그래서 이 재료로 만들기를 할 거야"라고 지시하지 않았다는 것입니다. 비판적 사고력을 키워주기 위해서는 자유롭게 선택하고 주도할 수 있는 환경이 필요합니다. 정해진 방법과 순서, 지시에 의한 참여, 학습을 위한 목적, 다 함께 참여해야 하는 획일성이 없는 개방적인 놀이 환경, 동시에 과정 중심의 놀이 환경에 아이가 놓이는 것이 무엇보다 중요합니다.

✦ 답이 없는 놀이를 함께해주세요 ✦

더하기 빼기나 퍼즐처럼 답이 있는 놀이보다는 블록 놀이, 그리기 놀이, 역할 놀이처럼 답이 없는 놀이가 아이의 비판적 사고력을 키우는 데 훨씬 효과적입니다. 문제를 풀 듯 답을 찾는 과정은 아이에게 다양하게 생각할 기회를 주기보다는 생각을 하나로 모으는 과정을 경험하게 합니다. 반면에 답이 없는 놀이를 하면 아이에게 "어떻게 할까?", "더 나은 방법이 있을까?"의 사고 확장의 기회가 많이 생겨 다양한 생각을 비교하고 분석하는 비판적 사고로 이어집니다.

답이 있는 미로찾기 놀이를 하는 만 3세 아이

아이   엄마(아빠), 이거 어떻게 하는 거야? 모르겠어.
부모   길이 어딘지 찾아봐. 막혀 있으면 다시 돌아 나오면 돼.
아이   이쪽인가? 아, 아니구나. 저쪽이네.
부모   길 찾았어? 진짜 잘했다!

답이 없는 블록 놀이를 하는 만 3세 아이

아이   엄마(아빠)! 내가 주차장을 만들었어.

부모 주차장을 만들었구나. 몇 층짜리 주차장이야?

아이 이건 3층이야. 근데 차가 많아서 주차장을 더 높게 만들어야겠어.

부모 자리가 없어서 더 만들어야 하는구나.

아이 점점 높아지고 있지? 이제 10대도 세울 수 있어.

부모 근데 10층까지는 어떻게 올라가?

아이 아, 맞다! 엘리베이터가 필요해. 얼른 엘리베이터 만들어야겠다.

부모 좋은 생각이다. 자동차 엘리베이터를 타면 10층까지도 갈 수 있겠어.

답이 없는 놀이를 할 때 아이에게는 더 많은 생각의 기회가 생기고, 생각이 거듭될수록 창의적인 생각도 더 많이 할 수 있게 됩니다. 앞에 나온 놀이 장면을 살펴보면 답이 있는 놀이보다는 답이 없는 놀이를 하는 쪽이 부모와 아이 간의 대화도 더 오랫동안 이어진다는 사실을 알 수 있습니다.

그런가 하면 칭찬의 방식도 놀이의 형태에 따라 달라집니다. 답이 있는 놀이를 할 때는 부모도 답을 찾았는지에 대한 결과 중심의 칭찬을 하고, 답이 없는 놀이를 할 때는 부모도 아이의 행동과 놀이 과정에 대한 칭찬을 합니다. 따라서 비판적 사고력을 키우기 위해서는 아이를 정해진 방법이 없는 놀이, 정해진 답이 없는 활동에 참여하게 하는 것이 좋습니다.

✦ 질문을 했다면 어떤 답이든 수용해주세요 ✦

질문을 하고 만 4세 아이의 답을 수용하지 않는 엄마

엄마 가을에는 왜 나뭇잎 색이 달라질까?

아이 바닥에 떨어져 시들어서 그런 것 같아.

엄마 아니지. 바닥에 떨어져서 시든 게 아니고, 날씨가 추워지면 색이 변하는
　　　거야.

아이 날씨가 추워지는데 왜 색이 변해?

엄마 날씨가 추우면 그렇게 된대.

질문을 하고 만 4세 아이의 답을 수용하는 엄마

엄마 가을에는 왜 나뭇잎 색이 달라질까?

아이 바닥에 떨어져 시들어서 그런 것 같아.

엄마 그런가? 바닥에 떨어져서 그런 건가?

아이 엄마, 여기 봐봐. 바닥에 떨어진 건 다 빨간색이지?

엄마 진짜 그러네. 바닥에 있는 건 모두 색이 변했네. 어? 근데 저기 안 떨어
　　　진 건 왜 빨간색이지?

아이 엄마! 저거는 곧 떨어지려고 준비하는 중이야.

엄마 아, 그렇구나. 떨어질 준비를 할 때도 색깔이 변하는 거였구나.

아이 맞아. 떨어지려고 그러는 거야.

엄마 근데 왜 떨어지는 걸까?

아이 아, 그건 나무가 힘이 없어서 그래. 가을에는 힘이 없어.

엄마 가을이 되면 나무가 힘이 없어지는구나. 그럼 어떻게 하지?

아이 물을 많이 줘야 해.

엄마 아, 물을 많이 못 마셔서 힘이 없어지는 거였구나.

가을에 실외 놀이터에서 나뭇잎을 관찰하는 아이에게 똑같은 내용을 질문한 두 엄마의 모습입니다. 첫 번째 엄마는 질문한 다음에 정답을 알려주고 싶어 아이의 대답이 아니라고 이야기합니다. 두 번째 엄마는 아이의 어떠한 대답도 수용하기에 아이가 계속해서 생각하고 그 내용을 말로 표현하고 있습니다. 그리고 나름의 근거를 제시하며 논리적으로 생각을 이어가고 있습니다.

물론 정답도 아주 중요하지만, 사실 아이에게는 정답을 아는 것보다는 자기 생각을 나름의 근거를 가지고 표현하는 과정이 더 필요한 경험입니다. 가을이 되면 기온이 떨어져서 나뭇잎의 색이 변한다는 것은 언젠가는 아이가 알게 될 사실이며, 이 사실을 지금 아는 것과 모르는 것은 아이의 미래에 큰 영향을 미치지 않습니다. 그러나 만 3세 아이가 스스로 생각해보고 그 생각을 말로 표현해보는 경험은 아이의 비판적 사고력 발달에 커다란 영향을 줄 수 있습니다. 그러니 지금 당장 정답을 맞히는 일보다 생각할 힘을 길러주는 일이 더 중요하다는 것입니다. 따라서 아이에게 생각할 기회를 줬다면 그 답이 틀리더라도 아이의 생각을 인정해줘야 합니다.

✦ 비판적으로 사고하는 부모님이 되어주세요 ✦

부모가 어떤 변화나 현상을 있는 그대로 받아들이지 않고 변화의 이유나 현상의 원인을 생각해보고 궁금증을 갖는 태도, 즉 비판적으로 사고하는 모습을 많이 본 아이는 사물을 바라볼 때 분석하고 평가하는 태도를 쉽게 배웁니다. 내 생각을 뒷받침할 수 있는 다양한 근거를 생각하고 더 논리적인 주장을 하며, 또 더 나은 방법을 생각해내는 힘까지 갖추게 됩니다. 다음은 비판적으로 사고하는 부모가 많이 하는 말입니다.

"왜 이렇게 되었을까?"
"더 좋은 방법은 없을까?"
"다른 생각은 없을까?"
"왜 다른 걸까?"
"어떻게 하는 것이 가장 좋을까?"
"논리적인 근거가 무엇일까?"
"실제로 가능한 일인가?"

일상에서 부모가 이런 말을 많이 한다면, 아이에게도 분명 비판적으로 사고할 기회가 늘어날 것입니다. 이때 주의해야 할 점은 부모의 비판적인 태도가 지나치면 비관적이고 부정적인 태도를 보일 수 있다는 것입니다. 비판한다는 것은 "이건 왜 그런 걸까?"처럼 차이를 분석하고 원인을 파악해보는 태도이지, "아… 이건 대체 왜 이런 거야!" 하고 짜증을 내며 불평불만만 늘어놓는 태도와는 다릅니다. 비판적 사고라는 가면을 뒤집어쓴 부모의 부정적인 태도를 보면서 아이가 매사 불평불만을 하고 원인을 탓하는 것만 보고 배우는 것은 아닌지 꼭 점검해봐야 합니다.

비판적 사고력을 발달시키는
수·과학 놀이

수·과학 놀이는 수학적 개념과 과학적 원리를 배우고 익히도록 도와주며, 문제를 해결하는 과정에서 논리적으로 생각하고 예측하는 능력을 키워줍니다. 아이들은 수 놀이를 함으로써 수와 양, 색과 모양, 거리와 크기 등을 알게 되며, 과학 놀이를 함으로써는 자연 현상, 원인과 결과, 물질의 변화 등을 접하는데, 이는 과학적 원리로까지 이어집니다. 수 개념과 과학적 원리는 결국 하나의 현상을 바라보고 분석할 때 생각의 기초가 되기에 아이의 비판적 사고력을 발달시키는 데 도움이 됩니다.

수·과학 놀이와 관련된 개념 원리

수 놀이	과학 놀이
수 세기	신체(몸)에 대한 이해
수의 크기 비교(많고 적음)	다양한 동식물
거리의 측정(멀고 가까움)	계절의 변화
양의 비교(가볍고 무거움)	자연 현상(지진, 화산 폭발 등)
색과 모양	물질의 특성과 변화(고체, 기체, 액체)
도형(평면 도형, 입체 도형)	빛과 온도
공간에 대한 이해(공간의 크기, 모양)	지구와 태양계

경사로 굴리기 놀이

어떤 길에서 더 멀리 가는지 비교해요

경사로(놀이용 미끄럼틀, 기울인 상자, 기울인 책, 기울인 놀이 매트 등)에 자동차나 공을 굴려 어떤 것이 더 멀리 갔는지 비교하거나 경사로의 기울기를 달리하며 어떤 경사에서 더 멀리 갔는지 비교하는 놀이입니다.

○ 준비물 공, 자동차 장난감, 놀이용 미끄럼틀, 상자, 책, 놀이 매트

◇ 놀이를 하기 전에

공이나 자동차를 굴리면서 놀이합니다. 바닥에서 서로 멀리 떨어져 앉아 공 주고받기, 자동차를 멀리까지 굴려보기 등 놀이를 하면서 '가깝다, 멀다'라는 개념을 경험해봅니다.

"○○가 던진 공이 저기 멀리까지 갔네?"

"엄마(아빠)가 굴린 자동차는 멀리 못 가고 가까이에서 멈췄어."

◇ 놀이 방법

❶ 공이나 자동차를 굴리며 어떻게 하면 멀리까지 갈 수 있을지 생각해봅니다.

"○○ 자동차는 멀리까지 갔는데, 왜 엄마(아빠) 자동차는 멀리 못 갔을까?"
"어떻게 하면 멀리까지 보낼 수 있지?"

❷ 아이가 이야기한 대로 굴리는 방법을 바꾸거나, 힘을 조절하거나, 자동차 장난감을 바꾸는 등 다양한 방법을 시도해봅니다.

"세게 굴리면 된다고?"
"힘을 많이 주면 더 멀리 가는구나. 좋아! 그렇게 해볼게."

❸ 이번에는 경사로를 이용해서 놀이해봅니다.

"여기에서 굴리면 어떻게 될까? 미끄럼틀처럼 쭉 내려갈까?"
"이쪽 내려가는 길에서는 어떻게 되는지 한번 해볼까?"

❹ 경사로에서 굴렸을 때 어떤 점이 다른지, 어떤 것이 더 멀리 갔는지 비교해봅니다.

"내려가는 길에서 굴리니까 어떻게 됐어? 바닥이랑 뭐가 달라?"
"어떤 자동차가 더 멀리까지 간 거야?"

❺ 기울기를 달리하며 공이나 자동차를 굴려봅니다.

"평평한 바닥 말고 기울인 바닥에서 굴리니 더 멀리 가네."
"이 길을 더 높이 올려서 더 기울이면 어떻게 될까? 한번 해보자."

◇ 놀이를 하고 나서

자동차를 다양한 길에서 굴려 어떤 길에서 더 멀리 가는지 비교해봅니다. 바깥에 나가 흙에서 굴렸을 때, 잔디에서 굴렸을 때, 시멘트 바닥에서 굴렸을 때 등 다양하게 굴리며 비교할 수 있습니다. 이러한 경험을 통해 아이는 길을 이루는 재질에 따라 자동차가 받는 힘(마찰력)이 다르다는 사실을 이해합니다.

"아까 흙에서 굴렸을 때랑 잔디에서 굴렸을 때가 어떻게 달라?"
"그럼 어떤 길에서 가장 잘 굴러가는 거지?"

◇ 주의사항

"어떤 길에서 더 멀리 갈까?", "왜 다를까?"라고 아이에게 질문한다면 틀린 답을 말하더라도, 혹은 대답을 하지 못하더라도 부모가 대신 답을 알려주지 않는 것이 좋습니다. 부모의 질문만으로도 아이는 한 번 더 생각할 기회를 얻게 되며, 이것이 곧 비판적 사고의 시작점일 수 있습니다. 아이의 생각이 틀렸다고 하거나 더 맞는 답을 이야기한다면 아이는 점점 생각할 재미를 잃고, "엄마(아빠)가 말해줘", "나는 모르겠어"와 같은 대답을 할 수도 있습니다.

쿠키 만들기 놀이

여러 가지 재료를 섞어 쿠키를 만들어요

요리하면서 물질의 변화를 경험하는 놀이입니다. 부모님과 함께 쿠키를 만들며 밀가루에 우유와 달걀을 섞었을 때의 변화, 반죽에 열을 가했을 때의 변화 등을 관찰합니다.

추천 연령
만 3~6세

○준비물 밀가루, 버터, 우유, 달걀, 설탕, 조리 도구, 오븐

◇ 놀이를 하기 전에

아이가 소꿉놀이와 점토 놀이를 좋아한다면 쿠키 틀을 이용해 놀이를 합니다. 점토를 밀대로 평평하게 민 다음, 쿠키 틀로 찍어 다양한 모양의

점토 쿠키를 만들어봅니다.

"○○가 점토를 쿠키 틀로 찍어서 예쁜 쿠키를 정말 잘 만드는구나!"
"우리 이번에는 진짜로 먹을 수 있는 쿠키를 한번 만들어볼까?"

◇ 놀이 방법

❶ 쿠키를 만들려면 어떤 준비물이 필요한지 이야기를 나눠봅니다.

"쿠키를 만들려면 어떤 재료와 도구가 필요할까? 한번 말해볼래?"
"그래, 맞아. 밀가루도 필요하고 달걀도 필요해."

❷ 밀가루, 버터, 우유, 달걀, 설탕 등 준비한 재료들을 함께 탐색해봅니다.

"밀가루를 만져볼래? 느낌이 어때?"
"버터는 좀 딱딱하지? 우리가 이걸 녹여서 넣어야 하는데, 어떻게 할까?"

❸ 밀가루 체 치기 → 밀가루에 버터, 우유, 달걀, 설탕 넣어 섞어 반죽 만들기 → 반죽 밀대로 밀기 → 쿠키 틀로 찍어 쿠키 만들기 → 오븐에 쿠키 굽기의 순서를 알려준 다음, 순서대로 요리를 진행합니다.

"가장 먼저 밀가루를 곱게 체에 쳐야 해. 할 수 있겠어?"
"밀가루에 나머지 재료들을 넣어서 잘 섞으면 돼."

❹ 밀가루에 우유와 버터 등을 섞을 때 물질의 변화를 경험하도록 이야기를 건넵니다.

"조금 전까지만 해도 밀가루는 가루였는데, 우유랑 버터를 넣고 섞었더니 어떻게 됐어?"
"서로 잘 뭉쳐진 것 같지 않아? 우유랑 버터가 가루들이 서로 잘 뭉쳐지도록 도와줬나 봐."

❺ 반죽으로 여러 가지 모양을 만들어봅니다. 아이가 원하는 대로 뭉치거나 길게 늘이기, 납작하게 누르기, 쿠키 틀을 이용해 동그라미, 세모, 네모, 별, 하트 등 모양 만들기를 해봅니다.

"밀가루에 우유랑 버터, 달걀과 설탕을 넣고 섞었더니 쿠키 틀로 찍을 수 있을 만큼 단단해졌네."
"소꿉놀이할 때처럼 반죽을 밀대로 밀고 쿠키 틀로 찍어볼까?"

❻ 오븐으로 쿠키를 구워봅니다. 이때 열에 의해 반죽이 변화하는 상태를 보면서 이야기를 나눠봅니다.

"우리가 먹는 쿠키는 딱딱한데, 반죽은 말랑말랑해. 어떻게 해야 먹을 수 있게 되는 걸까?"
"이제 같이 반죽을 오븐에 넣어볼까? 설명서를 보니까 20분 동안 구워야 한대."

❼ 잘 구워진 쿠키를 맛있게 먹습니다.

"오븐을 조심히 열고 쿠키를 꺼내 보자. 어떻게 변했지?"
"○○ 말대로 색깔이 변했네. 맛은 어떤지 먹어볼까?"

◇ 놀이를 하고 나서

아이와 함께 만든 쿠키를 소중한 사람들에게 선물해봅니다. 편지와 함께 쿠키를 포장해 선물한다면, 편지를 쓰면서는 글자를 경험하고, 포장 과정을 경험하며, 나누는 기쁨도 경험할 수 있습니다. 아이가 글자를 쓰지 못한다면 부모가 글자를 쓰는 모습을 보여주는 것만으로도 좋은 모델링이 될 수 있습니다.

"우리가 만든 쿠키를 누구한테 선물할까?"
"할머니께 편지도 써서 같이 드리자. 여기에 ○○가 '할머니께'라고 적어줄래?"
"예쁘게 포장해서 드리면 더 깜짝 놀라시겠지? 이쪽을 테이프로 붙여줘."

◇ 주의사항

아이와 요리를 하다 보면 밀가루 그릇을 엎거나 우유를 쏟는 등 당황스러운 상황이 생겨 "야! 조심하랬지?", "너 때문에 다 망쳤잖아!"라고 아이를 탓하거나 화를 낼 수도 있습니다. 그러나 아이는 실수하는 경험을 통해 스스로 조절하는 법을 배워나갑니다. 아이의 실수가 의미 있는 경험이 될 수 있도록 "요리할 때는 집중해서 잘 봐야 순서대로 할 수 있어", "흘린 건 이걸로 닦아보자"와 같이 자기 행동을 돌아보는 이야기를 해줘야 합니다. 또한 요리할 때는 순서와 정해진 방법이 있기에 "아니야. 여기에 넣어야 해", "기다려. 아직 그 순서가 아니야"와 같이 아이에게 지시하거나 행동을 제한하는 순간을 마주합니다. 그럴수록 "그건 어디에 넣어야 할까?", "어떤 것을 먼저 해야 할까?"와 같이 아이의 생각과 의견을 묻는 여유를 가질 필요가 있습니다.

건축물 만들기 놀이

블록을 높이 무너지지 않게 쌓아요

여러 가지 블록(종이 벽돌 블록, 원목 블록, 스펀지 블록, 카프라 블록, 앵커 블록 등)으로 건축물을 만드는 놀이입니다. 블록을 어떻게 쌓아야 높이 무너지지 않게 쌓을 수 있을지를 생각하며 모양과 균형을 경험합니다.

추천 연령
만 4~6세

○준비물 여러 가지 블록, 만들고 싶은 건축물 사진

◇ 놀이를 하기 전에

아이와 함께 다양한 건축물을 살펴봅니다. 그림책에 나온 세계 여러 나라의 건축물(에펠 탑, 피사의 사탑, 피라미드 등)이나 나들이 가서 보고 온 건축물(남산서울타워, 숭례문, 첨성대 등)을 주제로 이야기를 나눠봅니다.

"에펠 탑은 프랑스 파리에 있고, 세계에서 가장 유명한 탑이야."
"책에서 본 에펠 탑은 아래가 네모 모양이었는데, 남산서울타워는 동그란 모양이네."

◇ 놀이 방법

❶ 아이가 관심을 보이는 건축물을 사진으로 뽑아 블록 놀이를 하는 공간에 붙이거나 전시합니다.

"○○가 좋아하는 에펠 탑 사진 뽑아놨어. 블록으로 한번 만들어볼까?"
"어떤 블록으로 만들면 될까?"

❷ 사진을 보면서 아이가 선택한 블록으로 건축물을 만들어봅니다.

"에펠 탑은 아래가 네모 모양이라서 이렇게 했구나. 정말 네모 모양으로 잘 만들었네."
"에펠 탑을 다 만드는 데는 블록이 몇 개나 필요할까? 지금도 엄청 높아 보이는데?"

❸ 만들기를 하며 블록이 무너지거나 균형이 맞지 않을 때, 아이에게 어떻게 하면 좋을지 적절한 질문을 건넵니다. "네가 해결할 수 있어"라는 식으로 아이를 지켜보는 것보다는 "어디를 고쳐야 할까?", "어떤 블록이 더 필요할까?"와 같이 구체적인 질문을 할 때 아이는 새로운 생각을 떠올릴 수 있습니다.

"그쪽이 흔들리는 것 같은데? 어디를 더 튼튼하게 해야 할까?"
"왜 무너졌을까? 어느 쪽이 흔들려서 무너진 걸까?"

❹ 완성된 건축물을 보고 함께 이야기를 나눠봅니다.

"아까 무너져서 속상했었는데, 어디를 고칠지 잘 생각해서 완성했네."

"우리 ○○만의 멋진 에펠 탑, 엄마(아빠)가 사진 찍어줄게."

◇ 놀이를 하고 나서

아이가 만들고 싶은 건축물을 그림으로 그려서 설계도를 작성해봅니다. 그러고 나서 설계도를 보면서 블록으로 건축물을 만들어봅니다. 거창한 설계도가 필요한 것이 아닌, 머릿속의 상상을 그림으로 표현해내는 정도, 이를테면 네모 벽에 세모 지붕을 세운 정도의 간단한 그림이어도 괜찮습니다.

"또 어떤 건물을 만들고 싶어? 이번에는 ○○가 만들고 싶은 건물을 그림으로 그려볼까?"

"우리가 에펠 탑 사진을 보고 만든 것처럼 이번엔 그림을 보고 만들어보자."

◇ 주의사항

아이가 자신이 경험한 내용을 결과물로 만드는 과정에는 얼마나 주의 깊게 관찰했는지가 큰 영향을 미칩니다. 따라서 아이가 관심 있어 하는 건축물을 볼 때 구체적으로 분석하고 평가할 수 있는 질문을 해줘야 합니다.

"이 건물을 만든 사람은 어떻게 꼭대기까지 올라가도록 만들었을까?"

"이쪽에는 계단을, 저쪽에는 창문을 만든 이유는 무엇일까?"

"왜 여기에는 둥근 벽돌을 사용했을까?"

숫자 놀이

즐겁고 재미있게 수를 배워요

숫자 카드나 수 세기 판을 이용해 수 개념 형성을 도와주는 놀이입니다. 숫자를 순서
대로 놓거나 더 작은 수, 더 큰 수를 비교하며 비판적 사고력과 함께 수를 경험할 수
있습니다.

○준비물 숫자 카드, 수 세기 판

◇ 놀이를 하기 전에

아이가 숫자에 관심을 보이는지 살펴봅니다. 달력, 휴대폰, 현관문, 엘리
베이터, 간판 등 집 안팎에서 마주하는 숫자에 아이가 관심을 보이고, 무
엇인지 묻거나 읽는다면 그때부터 부모가 숫자 이야기를 본격적으로 해
주면 됩니다.

"우리 집은 6층이지. 우리 집보다 한 층 더 올라가면 7층, 또 한 층 올라가면 8층이야."

"과자 봉지에 쓰인 이 숫자는 뭘까? 언제까지 먹으면 되는지 유통 기한이 적혀 있네."

◇ 놀이 방법

❶ 아이 눈에 잘 띄는 곳에 숫자 카드나 수 세기 판을 놓은 다음에 아이가 관심을 보이면 꺼내서 함께 놀이합니다.

"○○가 좋아하는 숫자가 여기 많이 있네. 어떤 숫자가 있는지 같이 볼까?"

"1등할 때 1도 있고, 우리 집 층수인 6층도 있고… 그러고 보니 100도 있네?"

❷ 숫자 카드를 이용해 자유롭게 놀이합니다. 아이가 좋아하는 숫자 카드를 뽑거나 수의 크기대로 카드를 배열합니다.

"○○가 가장 좋아하는 숫자는 뭐야? 엄마(아빠)는 ○○가 태어난 날이라서 23이라는 숫자가 마음에 들어."

"23 다음엔 24, 그다음엔 25, 그다음엔… ○○가 한번 찾아볼래?"

❸ 숫자 카드를 뒤집어놓고 하나씩 뽑아서 어떤 수가 더 큰지 비교해봅니다. 더 큰 수를 뽑은 사람이 카드를 가져가는 놀이입니다. 마지막에 카드를 많이 가지고 있는 사람이 승리합니다.

"우리 동시에 카드를 뽑아서 누구 카드가 더 큰지 비교해볼까?"

"엄마(아빠)는 14, ○○는 55! 뭐가 더 크지? 숫자가 큰 사람이 이 카드를 가져가는 거야."

숫자 카드를 순서대로 늘어놓은 다음, 늘어놓은 카드를 줄자로 삼아 그 옆에서 공이나 자동차를 굴려봅니다. 어떤 숫자까지 자동차가 굴러갔는지 숫자를 보면서 측정하는 놀이를 할 수 있습니다. 아이는 즐겁게 참여하면서 수학적 개념을 배우고, 비교와 분석의 사고까지 기르게 됩니다.

"○○ 공이 어떤 숫자까지 굴러가는지 볼까? 우아, 멀리멀리 35까지 갔네."
"엄마(아빠) 공은 30에 도착! ○○ 공보다 5만큼 적게 갔어."

◇ 주의사항

아이와 숫자 놀이를 할 때는 3가지를 주의해야 합니다. 첫째, 아이의 수준을 잘 파악해 그에 맞게 놀이를 해야 합니다. 아직 10 미만의 숫자만 아는 아이라면 10 미만의 카드만 사용하고, 10까지 안다면 10에서 20까지 카드를 사용하는 등 이런 식으로 점차 늘려가는 것이 아이의 흥미를 지속하는 방법입니다. 둘째, 수를 많이 아는 것보다는 수의 개념을 아는 것이 훨씬 중요합니다. 1에서 100까지의 수 세기에 앞서 1보다 1 많은 것이 2, 2보다 1 많은 것이 3이라는 더하기 개념, 그 반대인 빼기의 개념을 알도록 도와줘야 합니다. 큰 수를 읽고 말하기에 치중하지 말고 "책이 2권이 있었는데 2권을 더 가져왔더니 4권이 되었네", "사탕 3개가 있었는데 1개를 먹었더니 2개만 남았네"와 같이 일상에서 직접 수를 경험하도록 해주는 것이 좋습니다. 셋째, 구체적 사물이 필요합니다. 유아 시기는 아직 추상적 개념을 사용하는 논리적 사고가 불가능하기에, 생각하려면 구체적인 사물이 눈앞에 있어야 합니다. 학습지에 쓰인 글자만 보고 덧셈과 뺄셈을 하기보다는 구체적인 사물(구슬, 사탕, 블록 등)을 활용해 수학적 사고를 할 수 있도록 이끌어줘야 한다는 것입니다.

색 모양 놀이

다양한 색과 모양을 경험해요

칠교나 패턴 블록을 이용해 다양한 색과 모양을 경험하는 놀이입니다. 서로 다른 모양의 블록을 붙여 새로운 모양을 만들거나, 그림 안을 블록으로 채우며 같고 다름을 이해하고 문제를 해결할 수 있습니다.

추천 연령
만 3~6세

○ 준비물 칠교, 패턴 블록

◇ 놀이를 하기 전에

일상생활에서 아이가 색과 모양에 관해 관심을 가질 수 있도록 이야기를 나눕니다.

"오늘 빨간색 옷 입을까? 아니면 노란색 옷 입을까?"

"○○는 동그라미를 그렸네? 엄마(아빠)는 세모를 그려볼게."

"이 그림에는 네모도 있고, 별도 있고… 여러 가지 모양이 있구나."

◇ 놀이 방법

❶ 칠교, 패턴 블록 등 다양한 모양으로 구성된 블록을 아이 눈에 잘 띄는 곳에 놓고, 아이가 관심을 보이면 함께 탐색합니다.

"블록 안에 여러 가지 모양이 있지?"
"색깔이 알록달록 참 다양하다."

❷ 아이가 블록으로 어떤 놀이를 하는지 관찰한 후, 그 행동을 말로 표현합니다. 부모의 언어는 아이의 색과 모양 인지에 큰 도움이 됩니다.

"○○가 노란 블록 2개를 꺼내서 붙였네. 그랬더니 블록이 커졌어."
"빨간 세모 블록을 꺼내서 노란 동그라미 블록 위에 올렸네."

❸ 블록으로 다양한 모양을 만들어봅니다. 아이가 블록으로 우연히 만든 결과물에서 새로운 모양을 찾을 수 있도록 이야기를 합니다. 지시에 따라 만들기보다는 내 행동이 어떤 결과가 되었는지를 이야기해준다면 스스로 생각을 확장할, 즉 또 다른 것을 만들고 싶은 마음이 생기기 때문입니다.

"노란 세모 2개가 만나서 나비 모양이 되었네."
"엄마(아빠)는 네모를 길게 붙였는데, 마치 높은 아파트가 된 것 같아."

❹ 이번에는 블록으로 색 분류 놀이를 해봅니다.

"빨간색은 빨간색끼리, 노란색은 노란색끼리, 파란색은 파란색끼리 한번 모아보자."
"이번에는 무지개색 블록을 찾아볼까?"

❺ 선으로 그림을 그린 다음에 그림 안을 모양 블록으로 채워봅니다. 큰 그림에서 작은 부분을 찾아내면서 전체 그림을 좀 더 분석적으로 바라보는 시각을 키워줄 수 있습니다.

"이 그림에는 어떤 블록을 올리면 될까? 뾰족한 부분에는 세모 블록을 한번 올려볼까?"
"자동차 바퀴에는 파란 동그라미 블록이 쏙 들어가고, 자동차 몸체에는 노란 네모 블록이 4개나 들어가네."

◇ 놀이를 하고 나서

색종이를 가위로 오려 다양한 모양을 만든 다음, 그것을 이용해 그림을 그려봅니다. 스케치북이나 도화지에 종이를 붙여 꾸밀 수도 있습니다.

"세모 종이를 밑에 쭉 붙였더니 꼭 삐죽삐죽 돋아난 풀처럼 보이는데?"
"공룡을 그리고 세모 종이를 붙이니까 뿔이 난 공룡이 되었네. 스테고사우루스 같아."

◇ 주의사항

아이의 비판적 사고력을 키워주기 위해 모양을 활용한다면, 다양한 모양은 물론, 모양이 합쳐졌을 때, 합쳐졌다가 분리되었을 때 등 변화를 분석할 수 있도록 질문합니다. 아이는 질문을 통해 그냥 지나칠 수 있는 것을 다시 한번 돌아보고, 나의 행동(블록을 빼거나 합친 것)으로 인해 이러한 변화(결과)가 생겨났음을 인지하고 깨닫게 됩니다. 따라서 "세모 2개가 합쳐졌더니 네모가 되었네?", "세모를 하나 더 붙였더니 지붕이 생겨서 집 모양이 되었네?"처럼 아이가 자기 행동의 결과로써 어떤 부분이 달라졌는지 관심을 가질 수 있도록 상호 작용을 해주면 더 좋습니다. 그리고 이미 그림이 그려진 워크지를 하는 것보다는 블록이나 색종이 등으로 여러 가지 모양을 만들어보는 것이 비판적 사고력 및 창의성 발달에 훨씬 효과적입니다. 모양 블록을 이리저리 늘어놓고 합치고 빼기를 반복하다가 우연히 집 모양, 나비 모양을 만들 수 있다는 사실을 발견한 다음, "이번엔 자동차를 만들어봐야지"라고 스스로 계획하고 필요한 블록들을 구성해보는 것이 비판적 사고력 발달에 더 도움이 된다는 의미입니다. 만약 워크지를 활용한다면 "여기 빈칸에는 어떤 모양을 놓아야 해?"처럼 꼭 정답을 맞혀야 한다는 목표보다는 "네모 4개가 합쳐져서 자동차 몸체가 되었네"와 같이 부분과 전체를 보는 눈을 길러주는 것을 목표로 이야기를 해주면 좋습니다.

Q. 벌써부터 수학과 과학이라면 질색하는 아이, 어떻게 도와줘야 할까요?

아이에게 수학이나 과학을 따로 알려주려고 한다면, 부모는 무언가를 계속 주입하려 하고, 아이는 계속 거부하려는 경우가 대부분입니다. 부모 대부분이 수학과 과학을 학습지나 워크북으로 접근하여 아이에게 해내야 하는 과제처럼 전달하기 때문입니다. 당연한 말이지만 수학과 과학도 아이가 놀이처럼 받아들일 수 있게 환경을 조성하는 것이 가장 좋습니다. 앞에서 나온 수·과학 놀이를 아이와 하나씩 함께하거나, 아이가 가장 좋아하는 놀이에 수학과 과학의 내용을 살짝 접목하면 됩니다. 아이가 병원 놀이를 좋아한다면 1번 환자, 2번 환자, 3번 환자… 이렇게 순서대로 숫자를 적게 하거나, 하루에 몇 번 몇 ml씩 약을 먹어야 하는지를 처방전에 적어 횟수와 양의 개념을 생각해보게 할 수도 있습니다. 자동차 놀이를 좋아한다면 주차장 자리마다 번호를 매겨 자동차와 1:1 연결해보기, 자동차가 어떻게 하면 더 멀리 갈지 경사로의 기울기를 달리하며 실험해보기, 얼마나 멀리 갔는지 측정해 숫자로 적어보기 등 놀이를 통해 수학과 과학의 기초를 경험할 수 있는 것입니다.

놀이뿐만 아니라 일상에서도 수학과 과학을 접할 수 있습니다. 과자를 나눠 먹는다면 똑같은 수만큼 나눠보고, 내리막길에서 뛰어갈 때 왜 속도가 더 나는지 생각해보고, 버스 번호판을 보며 어떤 버스가 더 큰 수인지 비교해보고, 폭포를 보며 왜 물은 위에서 아래로 떨어지는지 궁리해보는 등 아이는 일상의 경험 속에서 자연스럽게 수학과 과학을 만납니다. 이처럼 학습지와 워크북이 아닌, 부모와 함께하는 일상 속에서, 아이가 좋아하는 놀이를 하며 아이가 수학과 과학을 마주한다면 거부감은 서서히 관심으로 바뀔 것입니다.

금요일

자기 조절력
& 일상생활 놀이

"나의 행동과 감정을 조절할 수 있어요."

자기 조절력이
중요한 이유

✦ 성공 경험을 쌓을 기회가 생긴다 ✦

시험이나 과제 등을 제한된 시간 안에서 해내야 하는 상황을 떠올려봅니다. 같은 목표 아래에서 누구보다 좋은 결과를 내려면 제한된 시간을 어떻게 사용해야 할지를 계획하고 스스로의 욕구를 조절할 수 있어야 합니다. 결국, 놀고 싶거나 자고 싶은 마음을 참고, 무엇이 더 중요한지 판단해 조절할 수 있는 능력, 즉 자기 조절력이 얼마나 좋은 성과를 내느냐에 결정적인 영향을 미칩니다.

'마시멜로 실험'이라고 들어본 적 있나요? 미국의 심리학자 월터 미셸Walter Mischel이 1960년대에 실시한 실험으로, 아이의 행동이나 감정을 조절하는 능력인 자기 조절력을 측정한 것으로 유명합니다. 4~6세 아이들에게 마시멜로를 하나 준 다음에 먹지 않고 기다리면 하나를 더 준다고 했을 때 아이들이 어떻게 자기를 조절하며 기다리는지를 관찰한 실험입니다. 이때 자기 조절력이 높은 아이들은 다른 곳을 쳐다보거나 다른 물건으로 마시멜로를 가리는 등 나름의 전략을 사용해서 스스로 먹고 싶은 마음을 조절하여 원하는 결과를 얻었지만, 그렇지 않은 아이들은 기다리는 시간을 참지 못하고 마시멜로를 먹어버렸습니다.

전 세계적으로 유명한 마시멜로 실험도 있지만, 사실 일상에서 아

아이의 놀이 모습과 자기 조절력의 상관관계

	자기 조절력이 낮은 아이	자기 조절력이 높은 아이
지시사항 청취	친구와 이야기를 하고 싶어서 선생님의 지시사항을 듣지 못함. 그래서 지시가 무엇인지 몰라 선생님과 친구에게 계속 물어보다가 상황이 종료됨.	친구와 이야기를 하고 싶어도 참고 선생님의 지시사항을 끝까지 귀 기울여 들음. 그래서 지시에 따라 과제를 수행하고 목표를 달성하여 성취감을 경험함.
퍼즐 맞추기	퍼즐을 몇 번 맞춰보다가 잘되지 않자 금방 포기하고 자리를 벗어남.	퍼즐이 잘 맞춰지지 않아도 쉽게 포기하지 않고 고민해서 방법을 찾아냄.
신체 놀이	선을 따라 걸어야 하는 신체 놀이에서 빨리 가려는 마음만 앞선 나머지 선을 따라 신체를 조절하며 걷지 않음. 놀이 규칙을 어겨 실패에 이르는 경험을 하게 됨.	선을 따라 걸어야 하는 신체 놀이에서 빨리 가고 싶은 마음을 잘 조절하면서 참여함. 놀이 규칙을 지켰을 때 좋은 결과가 따르는 경험을 하게 됨.

이가 놀이하는 모습만 관찰해도 자기 조절력이 성취감 형성에 큰 영향을 미친다는 사실은 너무나 쉽게 확인할 수 있습니다.

자기 조절력이 뛰어난 아이는 여러 가지 놀이 상황에서 중요한 것이 무엇인지를 잘 알아 눈앞의 욕구를 조절하기 때문에 결국 성공의 경험을 많이 쌓게 됩니다. 이러한 경험은 스스로 잘할 수 있다는 자존감 형성에도 긍정적인 영향을 미칩니다.

✦ 다른 사람과의 관계를 잘 형성할 수 있다 ✦

다른 사람과 관계를 잘 맺는다는 것은 내가 원하는 것과 상대방이 원하는 것을 잘 조율할 수 있음을 의미합니다. 한 사람이 밀어붙이지 않고, 서로의 요구가 공존하고 적절히 받아들여질 때 건강한 관계가 유지됩니다. 자기 조절력이 뛰어난 사람은 자신의 감정을 효과적으로 조절하여 전달하는 기술을 가지고 있으며, 동시에 상대방의 입장에서 생각하기 때문에 일방적인 요구를 하지 않습니다.

만 5~6세 아이들의 교실 모습도 크게 다르지 않습니다. 실제로 자기 조절력이 뛰어나 스스로의 행동과 감정을 잘 통제하는 아이는 친구들에게 "○○는 친구들을 불편하게 하지 않아요", "○○는 규칙을 잘 지켜서 좋아요"와 같은 긍정적인 평가를 받고, 인기가 많을 수밖에 없습니다. 자기 자신을 잘 조절한다는 것만으로도 다른 친구들이 보기에 좋아 보이고 함께 놀고 싶은 마음이 생기도록 한다는 것입니다. 아이의 자기 조절력이 능숙하게 사회적 관계를 형성하는 데 큰 도움을 주는 셈입니다. 유아 시기 친구 관계에서의 성공 경험은 성인이 되어서까지 긍정적인 영향을 미쳐, 사람과의 관계에 자신감이 생기도록 해주는 것은 물론, 관계 형성에 실패했더라도 계속해서 다시 시도하는 힘까지 키워줍니다.

✦ 스트레스 상황에 유연하게 대처할 수 있다 ✦

앞에서 언급한 마시멜로 실험에서 아이들의 반응은 제각각이었습니다. 어떤 아이는 실험이 시작되자마자 먹었고, 다른 아이는 고민을 하다가 먹었으며, 또 다른 아이는 선생님이 돌아올 때까지 기다리며 먹지 않았습니다. 그런가 하면 먹고 싶은 욕구를 참으며 기다린 아이들의 반응 또한 매우 다양했습니다. 기다리는 동안 마시멜로와 등을 지고 앉아서 쳐다보지 않기, 마시멜로가 보이지 않게 통으로 가리기, 자리를 떠서 다른 놀이하기, 마시멜로를 아주 조금만 맛보기 등 다양한 전략을 사용했습니다. 이처럼 자기 조절력이 뛰어난 아이들은 스스로를 조절하기 위해 마냥 기다리는 대신, 스스로를 효과적으로 조절하는 방법을 사용해 스트레스 상황(마시멜로가 먹고 싶지만 참아야 하는 상황)에 유연하게 대처했습니다.

아이들은 앞으로 예측 불가능한 변화와 다양한 문제들이 공존하는 가운데 상당한 스트레스를 받으며 살아가게 될 것입니다. 부모

세대와 단순 비교만 해봐도 지금 아이들이 성장하면서 당면할 문제는 이미 어마어마합니다. 지속적인 환경 오염, 예기치 못한 바이러스의 발생, 노인 인구의 확대로 인한 세금 부담, AI의 발전에 따른 대처, 우울증 등 심리적 병증의 증가 등 많은 문제가 아이들을 기다리고 있습니다. 이런 상황이기에 자기 조절력은 더욱더 중요합니다. '나'를 잘 조절할 수 있다는 것은 '스트레스를 받는 나' 또한 잘 조절할 수 있다는 것이기에, 어떻게 해야 스트레스 상황에서 쉽게 벗어날 수 있을지도 잘 알게 됩니다. 주변에 도움을 요청해야 할지, 맛있는 음식을 먹어야 할지, 혼자서 조용히 시간을 보내야 할지 등을 판단하고 나에게 가장 맞는 방법을 선택해 스트레스를 줄일 수 있습니다. 스트레스 상황에서 나를 잘 조절할 수 있다면 직면한 문제를 좀 더 수월하게 해결하고, 더 나은 성과를 얻을 수 있을 것입니다.

자기 조절력을 키우는
부모의 태도

✦ 부모님이 먼저 조절하는 모습을 보여주세요 ✦

부모가 먼저 스스로 조절하는 모습을 보여주면 아이에게 긍정적인 영향을 줄 수 있습니다. 부모가 스트레스를 잘 관리하고 현재 상황에서 우선순위를 정하는 모습, 당장 하고 싶은 것이 있어도 더 중요한 것이 무엇인지를 고민하고 판단하는 모습, 포기하고 싶어도 조금 참으면서 해보는 모습 등은 아이에게 좋은 모델링이 되어 '엄마 아빠처럼 힘든 것을 참으면 좋은 결과를 얻을 수 있구나'를 간접적으로 경험하게 합니다. 아이에게 "어떤 것이 중요한지 생각해봐", "꼭 참고서 하다 보면 좋은 결과가 생겨"라는 막연한 설명보다는 부모가 실제로 자기 모습을 보여주고, 이를 통해 자기 조절의 가치를 느낄 수 있게 해주는 것이 훨씬 효과적입니다.

"아빠도 너무 쉬고 싶은 마음이 크지만, 지금은 설거지를 해야 해. 그래야 부엌이 깨끗해지거든."

"엄마도 이거 너무 갖고 싶지만, 좀 참을래. 갖고 싶은 걸 다 살 수는 없으니까."

"아빠도 과자를 먼저 먹고 싶어. 근데 참아야겠지? 우리 밥 먹고 같이 과자 먹을까?"

"엄마도 회사 가기 싫고 ○○랑 놀고만 싶다… 그래도 엄마가 해야 하는 일이니, 회사에 가야겠지? 엄마 갔다 와서 우리 신나게 놀까?"

"밖에 갔다 왔더니 너무 힘들다. 엄마도 안 씻고 그냥 누워 있고 싶네. 그래도 기운 내서 깨끗이 씻자. 씻고 나면 기분이 더 좋아질 거야."

"아빠도 처음에는 영어 공부가 좀 힘들었는데, 그래도 열심히 하다 보니 지금은 영어를 잘할 수 있게 되었어."

✦ 먹고, 놀고, 씻고, 자고… 일상의 규칙을 알려주세요 ✦

유아 시기에 아이가 자기 조절력을 키우기 위해서는 일상에서의 반복되는 경험이 필요합니다. 매일 먹고 놀고 자는 일상에서 요구되는 기본적인 규칙을 이해하고 욕구를 조절할 수 있을 때 자기 조절력을 키울 수 있습니다. 그러므로 부모가 아이에게 일상의 규칙을 알려주고, 이를 지킬 수 있도록 도와주는 것이 아이의 자기 조절력을 키우는 효과적인 방법입니다.

먹는 시간

"밥을 먹을 때는 자리에 앉아서 먹는 거야."

"먹기 싫은 반찬도 한 번씩만 먹어보자."

"밥 다 먹고 내려가서 놀자."

"이제 숟가락으로 혼자서 먹을 수 있구나."

"밥을 많이 먹어야 또 힘을 내서 놀 수 있어."

"배가 부르면 그만 먹어도 괜찮아."

노는 시간

"친구가 쓰는 장난감은 그냥 가져오면 안 돼."

"쓰고 싶으면 친구한테 빌려달라고 말해볼까?"

"혼자 다 쓰면 친구가 가지고 놀 게 없으니 나눠 쓰면 어때?"

"이제 조금 있으면 정리할 시간이야. 그 퍼즐까지만 맞추고 정리하자."

씻는 시간

"밖에서 놀다 왔으니 손이랑 발 씻으러 가자."

"오늘 땀을 많이 흘렸어. 얼른 샤워하자."

"밥 먹기 전에 손 씻고 올까?"

"자기 전에 꼭 양치하자."

자는 시간

"더 놀고 싶지만 이제 잘 시간이네."

"이제 정리하고 자러 갈 준비하자."

"책 2권만 읽고 잘까?"

"잠이 안 와도 눈 감고 있으면 꿈나라로 갈 수 있을 거야."

✦ 아이를 대할 때 단호하고 일관되게 행동하세요 ✦

아이에게 자기 조절력을 키워주기 위해서는 부모의 2가지 태도가 중요합니다. 바로 '단호함'과 '일관됨'입니다. 단호하다는 것은 아이에게 무섭게 화를 내는 것이 아니라, 여지없는 부모의 태도를 보여주라는 것입니다. 절대로 큰 목소리가 필요하지 않습니다. 단호한 와중에 다정함이 있다면 아이는 안 되는 상황임을 인지하고 스스로를 조절할 수 있습니다. 어린이집에 가기 싫다는 아이에게 "어린이집 가기 싫어? 엄마 아빠랑 있고 싶은 거야?", 장난감을 사달라는 아이에게 "이거 너무 갖고 싶어? 어제도 샀는데 그래도 갖고 싶은 거야?"라고 과하게 마음을 읽어주면서 여지를 준다면 아이는 자기 조절력을 키울 수가 없습니다. 아이가 꼭 그렇게 해야만 하는 것이라면 "그래도 안 되는 거야"라고 부모가 단호함을 보여줘야 합니다.

다음으로 '일관됨'이란 변함없이 꾸준한 모습을 의미합니다. 놀잇감을 정리하기 싫다는 아이, 단 음식을 먹고 양치하기 싫다는 아이에게 어떤 날은 안 해도 된다고 하고, 또 다른 날은 해야 한다고 이랬다저랬다 비일관적인 기준을 적용한다면, 아이는 꼭 해야 한다고 생각하기보다는 점점 거부하고 떼를 쓰게 됩니다.

단호함이 없는 부모의 모습

"야! 엄마가 하지 말랬지?"(화를 내는 부모)

"에이, 안 되는 거야."(장난처럼 말하는 부모)

"안 하면 안 될까?"(애원하는 부모)

"그러지 말자, 응?"(달래는 부모)

"어린이집에 가기 싫은 거야? 엄마랑 계속 있고 싶은 거야?"

(과하게 공감하는 부모)

일관됨이 없는 부모의 모습

"알았어. 그럼 오늘만 하지 마."(매번 이번만 허용하는 부모)

"이번이 마지막이야. 이번만 장난감 사줄게."(명확한 기준이 없는 부모)

"네가 아프니까 오늘만 봐줄게."(핑계를 방패 삼는 부모)

✦ 아이에게 스스로 조절할 시간을 주세요 ✦

엄마 배 속에서부터 아이는 자기를 조절할 수 있는 능력을 타고납니다. 태아의 움직임을 영상으로 관찰해보면, 손가락을 빨면서 심리적인 안정감을 느끼는 모습, 휴식 시간과 놀이 시간을 구분하며 움직임을 조절하는 모습, 외부의 충격이나 소리 등으로부터 스스로를 보호하는 모습을 살펴볼 수 있습니다. 출생 직후는 어떤가요. 아이는 불안을 느낄 때 엄마의 냄새나 목소리를 접하며 안정감을 되찾고 감정을 조절합니다. 누워서 우는 아이에게 엄마 냄새가 나는 수건을 놓아주거나 "엄마가 갈게. 엄마 여기 있어"라고 말해주는 것만으로도 아이는 스스로 울음을 멈추고 안정을 되찾을 수 있습니다. 이처럼 아이는 태어나기 전에도, 신생아 시절에도 어느 정도의 자기 조절력을 가지고 있습니다. 따라서 부모는 아이의 요구에 즉각 반응해 모든 것을 해결해주기보다는 적절한 시간을 제공하여 스스로 문제를 해결하고 원하는 것을 얻을 기회를 주는 것이 중요합니다. 이어지는 예시를 보면서 아이와 놀이할 때, 또는 일상에서 어떻게 자기 조절의 기회를 제공할 수 있을지, 어떻게 도와줘야 할지 참고하기 바랍니다. 순서대로 ①번은 부모의 단호하고 일관된 모습, ②번은 아이에게 자기 조절의 시간 주기, ③번은 결과에 대한 피드백입니다.

친구가 쓰고 있는 장난감으로 놀고 싶다고 할 때

① "친구가 쓰고 있는 장난감으로 지금 놀고 싶은 거지? 친구가 가지고 놀고 있으니 좀 기다려야 해."
② "기다리는 거 힘들면 이 장난감으로 놀면서 기다리면 어떨까?"
③ "친구가 쓰고 있는 장난감을 바로 달라고 하지 않고 잘 기다렸네. 더 재밌게 놀 수 있겠다."

장난감을 사고 싶다고 떼쓸 때

① "장난감 사고 싶은 거야? 그런데 장난감을 매일 살 수는 없어. 오늘은 구경만 하자."

② "생일날 사면 어떨까? 사진으로 찍어서 그때 다시 확인해보자."
③ "당장 사고 싶었지만, 사진으로 찍어두고 잘 참았네. 생일날 더 기쁜 마음으로 선물 받을 수 있을 거야."

양치질을 끝냈는데 사탕을 먹고 싶다고 할 때

① "사탕 먹고 싶지? 근데 지금은 양치를 끝내서 그럴 수 없어. 내일 먹자."
② "먹고 싶으면 눈물이 날 수도 있어. 울고 싶으면 좀 울어도 괜찮아."
③ "울긴 했지만, 사탕 먹고 싶은 마음을 너무 잘 참았어."

텔레비전 보는 시간을 정했을 때

① "더 보고 싶은 마음은 알지만, 약속 시간이 5분 남았어. 5분 후에는 끄는 거야."
② "자, 이제 약속 시간이 되었으니 끄자. 더 보고 싶은 마음 때문에 속상하지? 뭘 하고 놀면 속상한 마음을 없앨 수 있을지 생각해보자."
③ "더 보고 싶은 마음 꾹 누르고 약속을 잘 지켰으니 내일 또 보자!"

졸려서 양치질하기 싫다고 할 때

① "너무 졸려서 양치질하기가 좀 힘들지? 그래도 벌레를 잡아야 충치가 안 생겨. 우리 같이 빨리해보자."
② "너무 졸리면 혼자 하는 게 힘들 수도 있어. 엄마(아빠)가 도와줄 테니까 하다가 힘들면 얘기해."
③ "그래, 너무 졸릴 땐 그렇게 도와달라고 해도 돼. 우리 같이하니까 금방 끝났지? 이제 이가 깨끗해졌어."

화가 난다고 물건을 던졌을 때

① "아무리 화가 나도 물건을 던지면 안 되는 거야."

② "기분이 가라앉을 때까지 기다려줄게. 말로 할 수 있을 때 얘기해."

③ "화가 나도 이렇게 말을 해주니까 네 마음을 금방 알 수 있었어."

자기 조절력을 발달시키는
일상생활 놀이

아이의 자기 조절력을 발달시키기 위해서는 어떤 특정 시간에 특별한 활동을 하기보다는 자고, 일어나서, 먹고, 놀며, 생활하는 거의 모든 일상에서 연습이 이뤄져야 합니다. 놀이가 곧 일상이라는 말도 있듯이 자기 조절력을 발달시키는 놀이는 특히 일상생활(요리, 정리, 옷 입기 등)을 접목해서 하면 더 효과적입니다.

내 놀잇감은 내가 정리해요

내가 갖고 논 놀잇감을 스스로 정리해보는 놀이입니다. 다 놀고 나서 억지로 정리를 시키기보다는 놀이를 통해 스스로 하고자 하는 마음이 생기도록 도와주면 좋습니다.

**추천 연령
만 2~6세**

○ 준비물 가지고 논 놀잇감

◇ 놀이를 하기 전에

놀잇감을 왜 정리해야 하는지 이야기를 나눠봅니다. 이때 정리하지 않았을 경우에 어떤 일이 벌어지는지 꼭 강조합니다.

"어? 강아지 인형이 어디 갔지? 어제 정리를 안 했더니 잃어버렸나 봐."

"놀이한 후에 놀잇감을 집에 보내지 않으면 자리를 못 찾고 잃어버릴 수 있어."

"제자리에 넣어두면 다음에 또 꺼내서 놀이할 수 있단다."

◇ 놀이 방법

❶ 하나의 놀이를 마칠 때쯤 정리 시간을 미리 이야기합니다. 갑자기 정리 하라고 하면 더 놀고 싶은 마음을 조절하는 것이 어렵기 때문입니다. 이 때 시계 혹은 타이머를 활용해 시각적으로 보여주면 시간 개념도 경험 할 수 있습니다.

"이제 조금 후면 정리할 시간이야. 긴바늘이 6에 오면 우리 얼른 정리하고 밥 먹자."

"우리 이 퍼즐까지만 맞추고 정리하자. 곧 어린이집에 갈 시간이거든."

❷ 정리 시간을 예고했고, 그 시간이 되었다면 함께 정리를 시작합니다.

"이제 긴바늘이 6에 왔으니 같이 정리하자!"

"이제 퍼즐 다 맞췄으니 정리하고 어린이집에 가자!"

❸ 아이와 함께 정리할 때 재미를 더해줍니다. 노래 부르기, 시합하기 등 재 미를 더하는 방법은 여러 가지가 있으며, 이때 부모가 더 적극적으로 정 리하는 모습을 보여줍니다.

"노란색은 어디 있나? 여기! 빨간색은 어디 있나? 여기!" (색깔 찾기)

"엄마(아빠)가 동그란 모양을 찾아서 정리할게. ○○는 세모 모양을 찾아줄 래?" (모양 찾기)

"엄마(아빠)는 10개 정리할 건데, ○○는 몇 개 할래? 4개?" (숫자 세기)

"우리 누가 더 많이 정리하나 시합할까?" (시합하기)

❹ 정리 놀이를 마친 후, 아이가 성취감을 느낄 수 있도록 말을 건넵니다.

"이제 장난감을 모두 집에 잘 보내서 잃어버리지 않겠다!"
"깨끗하게 정리하니까 기분이 어때? 내일 더 신나게 놀 수 있겠지?"

◇ 놀이를 하고 나서

내 놀잇감 정리뿐만 아니라 집에 있는 물건의 제자리를 찾아주는 일, 빨래를 개면서 누구 옷인지 분류하는 일 등 집안일에도 도전해봅니다. 집안일을 함께하면서 정리 습관과 자기 조절력을 키우고, 가족 구성원으로서의 소속감도 경험할 수 있습니다.

"지금 빨래 갤 건데 같이할래? 이건 누구 옷일까?"
"이건 아빠 옷! 아빠 양말은 어느 서랍에 넣어야 할까?"
"이 책은 누구 책이게? 엄마 책은 어디에 꽂아둘까?"
"○○가 엄마 물건, 아빠 물건 자리를 다 잘 알고 있네."

◇ 주의사항

한참 재미있게 놀다가 정리하라고 하면 대부분의 아이들은 인상을 찌푸리며 놀이를 계속하고 싶어 합니다. 그러니 정리 시간을 미리 알려서 마음의 준비를 하게 해주는 것이 좋습니다. 약속 시간이 다 되었는데도 놀이를 멈추고 정리하기를 싫어한다면 "네가 그만할 때까지 기다릴게", "엄마(아빠)는 널 기다리는 중이야"라고 말하면서 부모가 너에게 기회를 주고 있다는 메시지를 보낸 다음에 기다립니다. 아이가 상황을 판단하고 스스로 조절할 시간, 5분 정도를 주고 차분히 기다려봅니다. 5분을 기다리지 못하고 부모가 정리를 다 도와주거나, 싫다고 하는 아이를 억지로 시키기 위해 보상을 주는 것 등의 방법은 자기 조절력을 키우는 데 도움이 되지 않습니다.

"더 놀고 싶은 거 알아. 그렇지만 이제 깜깜해져서 잘 시간이야." (O)
"블록 놀이를 내일 아침에 일어나서 다시 하자. 속상하면 좀 울어도 괜찮아." (O)
"그럼 오늘은 엄마(아빠)가 치워줄게. 내일부터는 네가 정리하는 거야." (X)
"정리 다 해야 과자 먹을 수 있어." (X)
"안 치우면 장난감 다 갖다 버릴 거야." (X)

감정 조절 놀이

내 마음을 살펴보고 표현해요

화가 날 때, 속상할 때와 같은 상황에서 나의 감정을 조절하는 일에는 연습이 필요합니다. 다양한 놀이에서 연습할 수 있지만, 그중에서도 특히 내가 '~인 척' 상상해서 하는 역할 놀이에서 감정 표현과 조절을 더 쉽게 할 수 있습니다.

추천 연령
만 4~6세

○ 준비물 역할 놀이할 때 쓰는 준비물

◇ 놀이를 하기 전에

아이가 표현하는 다양한 감정(기쁨, 환호, 부끄러움, 슬픔, 속상함, 실망, 질투, 두려움, 공포, 기대, 긴장, 불안, 분노 등)을 인지할 수 있도록 말로 이야기해줍니다. 아이의 감정을 읽어주다 보면 스스로 감정을 인지하는 능력이 생겨 감정을 조절할 준비를 하게 됩니다.

"그렇게 울면서 소리를 지르는 걸 보니 화가 많이 났구나."
"얼굴이 빨개지고 숨고 싶은 마음인 걸 보니 좀 부끄럽구나."

◇ 놀이 방법

❶ 역할 놀이를 할 때 아이가 감정을 충분히 표현할 수 있도록 도와줍니다. 물론 일어나지 않은 상황에서 감정을 표현하는 일은 어렵습니다. 하지만 역할 놀이에서는 특정 역할이 처한 상황에 나의 경험과 감정이 이입되어 자연스럽게 감정을 느끼고 표현하는 일이 가능합니다.

(병원 놀이/두려움) "이제 주사를 맞아야 하는데, 너무 두려워."
(자동차 놀이/무서움) "사고가 났어! 사고가 나면 무서울 것 같아. 난 너무 무서워……."
(아이스크림 가게 놀이/더 하고 싶은 마음) "나는 아이스크림을 3개, 4개 계속 먹고 싶어."

❷ 역할 놀이를 하며 감정을 조절하기 위해 어떻게 해야 하는지를 이야기해봅니다.

(병원 놀이) "어떻게 하면 주사 맞을 때 겁나는 마음을 참을 수 있을까?"
(자동차 놀이) "사고가 나면 119에 신고를 하면 돼. 소방 대원이 도와줄 거야."
(아이스크림 가게 놀이) "많이 먹고 싶은 마음을 잘 참아야 해. 어떻게 참지?"

❸ 감정을 표현하고 조절한 과정을 되돌아보도록 합니다. 나의 감정을 스스로 인지하는 일이 어려운 것처럼 감정의 변화 또한 스스로 인지하는 일이 어렵기에 감정의 변화 과정을 돌아볼 수 있도록 해주면 감정 조절에

큰 도움이 됩니다.

(병원 놀이) "겁이 났지만 용기를 내어 주사를 맞았더니, 이제 금방 나을 수 있겠어."

(자동차 놀이) "사고가 나서 너무 무서웠는데, 119가 출동해서 너무 다행이야. 정말 감사한 마음이 들어."

(아이스크림 가게 놀이) "너무 먹고 싶었지만 꾹 참았더니 배탈이 나지 않았어. 다음에도 잘 참아야겠어."

◇ 놀이를 하고 나서

그림책을 보며 주인공의 감정에 관한 이야기를 나눠봅니다. 아이가 경험했던 일을 떠올려보거나, 감정 조절을 위한 계획을 세워봅니다.

"이 친구는 어떤 기분일까? 왜 그런 마음이 들었을까?"
"○○도 이 친구처럼 이렇게 화난 적이 있었어?"
"이 친구처럼 화가 난다면 어떻게 하면 좋을까?"
"지금 네 기분은 어떤 색이야? 엄마(아빠) 기분은 노란색이야."

※ 감정에 관한 이야기를 나누기 좋은 책:《네 기분은 어떤 색깔이니?》(최숙희),《소피가 화나면 정말 정말 화나면》(몰리 뱅),《기분을 말해 봐!》(앤서니 브라운),《무서운 게 너무 많아》(조 위테크),《너무 부끄러워》(크리스틴 나우만 빌맹) 등

◇ 주의사항

아이들은 타고난 기질에 따라 감정 기복이 커서 감정을 쉽게 드러내는 아이가 있고, 감정 기복이 크지 않아 감정 표현에 익숙하지 않은 아이가 있습니다. 거의 모든 부모가 감정 기복이 크고 표현이 강한 아이한테는 "화가 날 때는 소리를 지르는 대신에 말로 표현하는 거야"와 같이 알려

주면서 매 순간 감정을 조절할 기회를 주지만, 그렇지 않은 순한 아이에게는 그런 기회를 거의 주지 않습니다. 친구가 장난감을 가져가도 속상함을 표현하지 않은 채 그냥 참고 넘어가는 아이를 감정을 잘 조절한다고 칭찬할 게 아니라, "그럴 땐 친구한테 속상하다고 말하는 거야. 그리고 돌려달라고 이야기하는 거야"와 같이 말할 수 있도록 알려줘야 합니다. 그래야 감정 표현에 서툰 아이도 내 마음이 어떤지, 그 마음을 어떻게 표현해야 할지를 알 수 있습니다.

목욕 놀이

놀잇감을 깨끗이 목욕시켜요

아이가 좋아하는 놀잇감을 목욕시키는 놀이입니다. 아이는 내 몸을 씻는 일은 다소 귀찮아하지만, 놀잇감을 씻겨주는 놀이를 하자고 하면 즐거워합니다. 긍정적인 경험을 통해 아이 스스로 잘 씻는 자기 조절력을 키울 수 있습니다.

추천 연령
만 2~6세

○ 준비물 아이가 좋아하는 놀잇감, 비누, 수건

◇ 놀이를 하기 전에

외출 다녀와서 손 씻기, 실외 활동 후 목욕하기, 잠자기 전에 양치하기 등 왜 우리가 몸을 깨끗이 씻어야 하는지 이야기를 나눠봅니다.

"놀이터에서 놀고 오면 손에 모래와 더러운 세균이 묻어 있어서 깨끗이 씻어야 해."

"머리에 땀이 나면 냄새가 나니까 샴푸로 깨끗이 머리를 감아야 해."

"이 사이에 충치 세균이 껴 있을 수 있어. 밥 먹었으니 치카치카 양치를 해서 벌레를 잡자!"

◇ 놀이 방법

❶ 아이가 놀 때 놀잇감이 더러워져서 씻어야 한다는 상황을 설정해봅니다.

"자동차에 흙이 많이 묻어서 얼른 닦아야 해요. 세차하려면 어디로 가나요?"

"토끼야, 오늘 목욕 안 했어? 머리에서 냄새가 나는 것 같아."

❷ 비누와 수건을 이용해 깨끗이 씻는 놀이를 합니다. 비누를 묻히고 물을 트는 척 상상해서 하거나, 실제로 욕실에 들어가서 할 수도 있습니다.

"이쪽이 세차장입니다. 이쪽으로 오세요."

"토끼야, 머리를 뒤로 해봐. 내가 샴푸로 거품을 내줄게."

❸ 깨끗이 씻고 나서 기분이 어떤지 이야기를 나눠봅니다.

"아까는 흙이 잔뜩 묻어 있었는데, 이제는 깨끗해졌네."

"우아, 머리에서 좋은 냄새가 나! 머리를 감았더니 이상한 냄새가 사라졌어."

◇ 놀이를 하고 나서

놀잇감을 깨끗이 씻은 다음에 물놀이를 하면서 아이에게도 스스로 씻어보라고 합니다. 물놀이를 할 때는 거품이나 물감 등을 활용하여 더 다양한 감각적 자극(촉각-부드러움, 시각-색깔)을 불러일으켜 재미를 더할 수도 있습니다.

"○○도 자동차처럼 깨끗이 씻자. 자동차야 잘 봐. ○○도 거품으로 쓱싹쓱싹 씻을 거야."

"토끼는 분홍색 거품으로 목욕했네. ○○는 무슨 색 거품으로 목욕할까?"

"○○는 욕조에 물 받아서 들어갈까? 친구들도 물속에서 같이 수영할까?"

"○○랑 같이 수영할 친구들, 어서 욕조로 풍덩 들어와. 여기는 색깔 거품이 나오는 수영장이야!"

◇ 주의사항

씻기 싫어하는 아이에게 "씻어야 해", "얼른 씻자"라고 말하며 억지로 씻어야 한다고 강요하기보다는 왜 씻어야 하는지를 이야기 나누고 놀이로써 재미를 더해주는 것이 중요합니다.

(씻어야 하는 이유) "밖에서 놀면 여기저기에 묻어 있던 세균이 ○○ 손에도 묻게 돼. 비누로 씻어야 세균을 없앨 수 있어."

(씻어야 하는 이유) "○○ 입에서 달콤한 냄새가 나면 충치 벌레가 와서 이를 갉아먹어. 우리 얼른 칫솔과 치약으로 충치 벌레를 물리치자!"

(재미 더하기) "○○ 손에 벌레가 많을까, 엄마(아빠) 손에 벌레가 많을까? 우리 힘을 모아서 벌레를 없애자!"

(재미 더하기) "뽀로로한테 물 틀어달라고 하자. 뽀로로야 물 좀 틀어줘."

요리 놀이

내가 만들어 먹을 수 있어요

내가 먹고 싶은 음식을 스스로 계획하고 준비해서 만들어 먹는 놀이입니다. 아이의 놀이치고는 부모가 개입해야 하는 부분이 많지만, 놀이의 모든 과정이 올바른 식습관 형성에 도움이 됩니다.

○준비물 아이가 만들어 먹고 싶은 음식 재료

◇ 놀이를 하기 전에

소꿉놀이를 하면서 점토나 음식 모형을 이용해 좋아하는 음식을 만들어 봅니다.

"○○는 어떤 음식을 가장 좋아해?"

"우리 지금부터 색종이랑 점토로 김밥을 만들어볼까?"

"엄마(아빠)는 점토에 수수깡을 넣어서 주먹밥을 만들어볼게."

◇ 놀이 방법

❶ 어떤 음식을 만들고 싶은지 생각한 다음, 필요한 재료를 준비합니다. 아이의 연령과 기질에 따라 함께 만들 수 있는 음식이 다른데, 불을 쓰지 않고 하기에는 김밥, 주먹밥, 샐러드 등이 적당하고, 만 6세 정도라면 볶음밥처럼 불을 쓰는 음식도 할 수 있습니다. 아이의 참여 정도에 따라 조절하면 됩니다.

"어제는 소꿉놀이하면서 ○○가 좋아하는 김밥을 만들었는데, 오늘은 우리 같이 진짜 먹을 수 있는 김밥을 만들어볼까?"

"김밥을 만들려면 어떤 재료가 필요하지? 우리 하나씩 이야기해보자."

❷ 재료를 준비하고 순서를 생각해봅니다. 어떤 순서로 만들면 좋을지 먼저 다 알려주기보다는 질문을 통해 아이 스스로 순서를 생각할 기회를 주는 게 좋습니다. 이러한 기회로써 아이는 예측하고 계획하는 경험을 할 수 있게 됩니다.

"이제 재료를 준비했으니, 같이 만들어볼까?"

"재료를 준비한 다음에는 가장 먼저 어떤 일부터 해야 할까?"

❸ 함께 정한 순서대로 음식을 만들어봅니다.

"김 위에 이렇게 밥을 올려서 잘 펴고… 그다음에 준비한 재료들을 잘 넣어보자."

"재료를 다 넣었으니, 우리 이제 돌돌돌 잘 말아보자!"

❹ 완성된 음식을 먹으며 이야기를 나눠봅니다.

"드디어 김밥 완성! 이제 예쁘게 잘라 접시에 담아서 같이 먹을까?"

"같이 재료를 준비해 김밥을 만들어보니 어땠어? ○○가 안 먹는 당근도 김밥에 넣어 먹으니까 맛있지 않아?"

◇ 놀이를 하고 나서

아이와 함께 요리한 과정을 책으로 만들어봅니다. 거창하고 두꺼운 책이 아닌, 종이를 반으로 접어 순서를 적어보는 것만으로도 아이에게는 의미 있는 요리책이 됩니다. 아이가 요리하는 모습을 사진으로 찍어 출력해 활용하면 더 쉽게 요리책을 만들 수 있습니다.

"우리 같이 김밥 만들 때 찍은 사진을 뽑아놨는데 같이 볼래?"

"이 사진을 종이에 붙이면 '김밥 만드는 방법' 책을 만들 수 있겠는데?"

"어떤 순서로 하는지, 지금 무엇을 하는 중인지 사진에 적어볼까?"

◇ 주의사항

편식하거나 식탐이 없어 음식에 관심을 보이지 않는 아이라면 함께 요리하는 시간을 많이 가지는 것이 좋습니다. 요리가 부모에게는 '일'이겠지만, 아이에게는 즐거운 '놀이' 중 하나이므로 식재료와 더 친숙해지도록 도와줍니다. 그리고 아이와 요리를 함께할 때는 '많이 먹겠지?'라는 기대를 하지 말고 한 번이라도 더 식재료에 노출하는 것을 목표로 삼아야 합니다. 새로운 식재료를 손으로 만지고 눈으로 보고 냄새도 맡으면서 여러 번 접해야 조금씩 시도할 마음이 생기기 때문입니다. "넌 왜 이렇게 편식이 심하니? 채소도 먹어야지"라고 다그치지 말고 천천히 식재료와 친해질 기회를 주는 것이 좋습니다.

나 혼자 입을 수 있어요

옷, 양말, 신발 등을 스스로 입어보거나 신어보는 놀이입니다. 다른 사람의 도움을 받지 않고 스스로 해냄으로써 자기 조절력을 키우고 만족감도 느낄 수 있습니다.

추천 연령
만 2~4세

○준비물 아이가 좋아하는 옷가지와 신발

◇ 놀이를 하기 전에

미국의 발달 심리학자 에릭 에릭슨Erik Erikson은 아이가 태어난 후 만 2~3년을 자율성의 시기라고 이야기했습니다. 아이들은 생후 18개월이 지나면 점차 자율성이 강해져 "내가!", "내가!"를 외칩니다. 아이가 무엇이든지 스스로 해보려고 한다면 충분한 시간과 기회를 제공합니다. 아이는 스스로 해보려는 반복적인 시도와 성공 경험을 통해 자기 조절력을 키우고 자존감을 형성할 수 있습니다.

"○○가 양말 혼자 꺼내고 싶어? 엄마(아빠)가 기다릴게."

"신발 신기가 조금 어려워 보였는데, ○○가 혼자서 해냈네?"

◇ 놀이 방법

❶ 옷을 갈아입을 때 아이가 스스로 하고 싶어 하는지 잘 관찰합니다. 만약 관심이 없다면 스스로 해볼 기회를 주면 됩니다.

"○○가 혼자서 옷 입고 싶은 거지? 여기 옷 있으니까 입어봐."

"○○도 충분히 혼자서 옷 입을 수 있을 것 같은데, 한번 해볼래?"

❷ 아이가 스스로 옷을 입고 벗을 수 있도록 적절한 도움을 줍니다. 이때 부모가 다 도와주는 것이 아니라, 작은 도움으로 아이가 스스로 해낼 수 있게 유도하면 됩니다.

"엄마(아빠)가 여기 잡아줄게. 팔을 먼저 빼볼까?"

"엄마(아빠)가 여기 잡고 있을게. 지퍼를 올려볼까?"

❸ 양말, 모자, 장갑, 외투 등 스스로 해보는 기회를 많이 줍니다. 아이가 도움을 요청하기 전까지는 충분히 기다려주는 것이 좋습니다.

"장갑에 손가락을 천천히 넣어봐. 손가락 5개가 어디에 들어가야 하는지 잘 보고 넣어봐. 엄마(아빠)는 기쁘게 기다릴게. 천천히 하면 할 수 있을 거야."

"큰 외투는 입기가 더 힘들지? 바닥에 두고 어디에 팔을 넣어야 하는지 먼저 생각해봐. 팔을 아무 곳에나 넣으면 거꾸로 입을 수도 있으니 천천히 생각해야 해."

❹ 아이가 스스로 해낸 것에 대해 충분한 인정을 해줍니다. 내가 노력한 것을 부모가 인정해주는 경험은 아이에게 '또 해봐야지'라는 마음을 불러일으켜서 스스로 계획하고 해내는 자기 조절력의 발달로 이어집니다.

"양말이 길어서 혼자 신는 게 좀 힘들었을 텐데, 결국 끝까지 해냈네. 정말 훌륭해!"
"단추가 작아서 혼자 채우는 게 쉽지 않았을 텐데, 집중해서 열심히 했네."

◇ 놀이를 하고 나서

아이의 작아진 옷이나 양말을 인형 놀이에 활용하면 인형 옷 갈아입히기 놀이를 할 수 있습니다. 이 놀이는 아이의 소근육 힘을 기르는 동시에 스스로 할 수 있는 일이 늘어나는 데 도움을 됩니다.

"너무 추워서 옷을 하나 더 입어야겠어. 옷 좀 입혀줄래?"
"발이 너무 시려. 따뜻한 양말이 필요해. 양말 좀 신겨줄래?"

◇ 주의사항

옷 입기, 양말 신기, 신발 신기 등을 혼자 하기 싫어하거나 매사 도움을 요청하는 아이에게 "혼자 해봐", "혼자 입어봐"라고 말하기보다는 노래를 불러주거나 게임을 하는 등 재미를 더해, 하고 싶은 마음이 생기도록 도와주는 것이 좋습니다.

"○○ 얼굴이 꼭꼭 숨었네. 어디 갔지? 옷 뒤로 숨었나? ○○ 얼굴 나와라, 뿅!"
"신발 신고 먼저 나가는 사람이 엘리베이터 버튼 누르는 거야. 자, 시작!"

토닥토닥맘 Q&A

Q. 아이에게 스스로 감정을 조절할 시간이 필요하다는데, 어떻게 도와줘야 할까요?

아이들은 스스로 감정을 조절할 수 있는 능력을 갖추고 태어납니다. 울다가 엄마의 목소리를 듣고 울음을 그치는 것, 불안해서 짜증을 내다가도 엄마의 냄새를 맡고 안정을 취하는 것 등의 모습을 보면 신생아도 스스로 감정을 조절한다는 사실을 알 수 있습니다. 아이들은 성장하면서 점점 경험이 쌓여 다양한 방법으로 감정을 조절하는 전략을 사용합니다. 어떤 아이는 감정 조절을 위해 노래를 부르고, 다른 아이는 엄마에게 안기며, 또 다른 아이는 혼자만의 공간에 머물기도 합니다.

이렇게 전략을 사용하려면 스스로 감정을 조절할 기회가 충분히 주어져야 합니다. 부모가 아이의 속상한 마음, 화나는 마음을 지금 당장 해결해주고 도와주려고 하기보다는 울더라도 속상해하더라도 그 마음을 가라앉히고 스스로 감정을 달랠 기회를 줘야 한다는 것입니다. 이를 통해 아이들은

'이렇게 하면 기분이 좋아지는구나', '속상할 땐 이렇게 하면 되는구나', '울고 나면 기분이 괜찮아지는구나'와 같이 나의 감정에 대해 생각하고 감정을 조절할 방법을 찾을 수 있습니다. 따라서 아이의 감정을 부모가 나서서 바로 해결해주지 말고, 다소 시간이 걸리더라도 아이에게 기회를 주는 것이 좋습니다. 당장 아이의 울음소리를 듣기 싫어서 달래고 방법을 찾아주다 보면 오히려 아이가 성장할 기회를 빼앗게 될 뿐입니다.

자신감
& 실외 놀이

"바깥으로 나가 놀며 용기를 연습할 수 있어요."

자신감이
중요한 이유

✦ 자신의 능력을 최대한으로 발휘할 수 있다 ✦

사람이라면 누구나 "나는 잘할 수 있다!"라는 자신감을 가질 때 목표를 높게 잡고, 그 목표를 달성하기 위해 최대한의 능력을 발휘할 수 있습니다. 자신에 대한 믿음이 없다면 '내가 할 수 있을까?'라는 의심이 가장 먼저 싹을 틔워 내가 가진 능력보다 더 낮은 수준의 목표를 잡게 되고, 그래서 도전하려는 모습보다는 안정을 추구하는 모습을 더 많이 보이게 됩니다.

만 5세 교실에서 다 같이 모여 상자, 요구르트병, 스프링, 탁구공, 휴지심, 빨대 등의 재료로 '내가 상상하는 로봇'을 만들고 있는 아이들의 모습을 떠올려봅니다. 분명히 같은 재료를 활용해서 같은 주제를 표현하는 과정인데, 자신감 있는 아이와 그렇지 못한 아이는 큰 차이를 보입니다. 자기 생각에 자신감이 있는 아이들은 그 생각을 의심하지 않고 머릿속으로 상상한 내용을 자연스럽게 그림으로 그리거나 만들기로 표현할 수 있습니다. 자기 생각에 따라 스스럼없이 재료를 선택하고 그것을 활용해 상상하는 로봇을 만들어냅니다. 그러고 나서 자신이 만든 로봇을 자랑스럽게 보여주고 설명합니다. 그러나 자기 생각에 자신감이 없는 아이들은 스스로에 대한 믿음이 부족해, 즉 어떻게 해야지 생각했더라도 그게 맞는지 의심을 하면서 무엇을 골라야 할지 재료 선택에서부터 어려움을 겪습니다. 겨우 재료를 선택했더라도 또 자기 생각을 표현해내는 과정에서 '이렇게 하는 게 맞나?'라고 의심하고 고민하며 주저합니다. 그러다 보니 시간 내에 완성하지 못하거나 중간에 하기 싫다고 이야기하는 경우가 꽤 많습니다. 결국, 자신감 있는 아이는 태도로 인해 능력을 발휘하게 되는 기회가 더 많이 생기고, 이로 인해 성취감을 경험해 더 자신감이 생기는 선순환이 이뤄집니다.

✦ 또래 관계에 긍정적인 영향을 미친다 ✦

아이들이 또래 관계에 관심을 가지고 민감해지는 시기는 보통 만 5~6세경입니다. (물론 개별적인 차이는 있습니다.) 만 5세 이전의 아이들은 자기중심성이 강하기 때문에 또래에 관심을 가지기는 하지만, 관계를 고민하기보다는 내가 좋아하는 놀이를 함께하기 위한 놀이 상대 정도로 생각합니다. 시간이 흘러 만 5세 이후의 아이들은 자기 중심성에서 점차 벗어나 놀이 상대와는 별개로 '친해지고 싶은' 또래가 생기며 관계에 민감해지기 시작합니다. 이때 자신감 있는 아이와 그렇지 않은 아이의 모습에는 매우 큰 차이가 나타납니다.

자신감 있는 아이는 관계를 맺는 일에 거침이 없습니다. "나 너랑 놀고 싶어"라고 말하며 자기 마음을 정확히 전달하고, 거절당하더라도 울거나 의기소침해지기보다는 '다음에 또 얘기하면 되지, 뭐. 지금은 다른 친구랑 놀면 되지'라고 생각합니다. 하지만 자신감 없는 아이는 친구에게 같이 놀자고 자기 마음을 이야기하는 것 자체를 어려워합니다. 친구가 자기가 싫어서 거절한 것이 아닌데도(지금 당장 해야 할 일이 있거나 몸이 피곤한 경우 등) 거절을 당했다는 상황만으로도 좌절감을 느끼고 매우 슬퍼하거나 다시 용기 내기를 굉장히 힘들어합니다. 이처럼 자신감은 유아 시기 아이들의 또래 관계에 긍정적인 영향을 미치기 때문에 놓치지 않고 잘 길러줘야 합니다.

✦ 리더를 맡아 다른 형태의 성공 경험을 할 수 있다 ✦

자신감 있는 사람은 관계에서 성공할 확률이 높아 협업을 통해 프로젝트를 성공시킬 가능성 역시 큽니다. 자신감이 있다면 자기 의사를 정확하게 표현하고 전달하면서 매사 적극적인 모습을 보일 것입니다. 그리고 대개 리더에게서 이런 모습이 많이 나타납니다. 자신감 있는 리더는 자기 의견을 바탕으로 다른 사람들의 의견을 종합해 빠르고 효율적인 결과를 만들어내는 데 탁월합니다.

유치원의 만 5~6세 교실에서 교사가 임의로 그룹을 나눠 프로젝트 수업을 진행한다고 생각해봅니다. 이때 아이들은 리더를 어떻게 정할까요? 선생님이 리더를 따로 정해주지 않는다면 자연스럽게 자신감 있게 자기 의견을 이야기하는 아이가 리더 역할을 맡게 됩니다. 리더가 된 아이는 "이렇게 하면 어떨까?", "나는 상자를 붙일게. 너는 색을 칠하면 어때?" 등 각자가 담당할 부분을 나누기도 하고, 어떤 방법이 좋을지 제안도 건넵니다. 자신감 있는 아이가 리더 역할을 한다면 나머지 친구들은 누가 시키지 않아도 그 아이의 의견을 따르는 경우가 대부분입니다. 결국, 리더의 역할이 아이를 성공 경험으로 이끌고, 이를 통해 힘을 합하면 무엇이든지 할 수 있다는, 개인의 차원을 넘어선 다른 형태의 자신감을 심어주는 것입니다.

자신감을 키우는
부모의 태도

✦ 스스로 선택할 기회를 주세요 ✦

아이에게 스스로 선택할 기회를 준다는 것은 아이가 자신이 가진 능력을 인지하여 내가 할 수 있는 것과 할 수 없는 것, 그리고 내가 하고 싶은 것과 하기 싫은 것을 구분할 기회를 준다는 것입니다. 누군가에 의해 이미 정해진 방법대로 따라야 하는 지시적인 과제나 수업 안에서 아이들은 선택할 기회도, 자신이 가진 능력을 판단할 기회도 없습니다. 놀이를 할 때도 "오늘 색종이로 바람개비를 만들 거야"라고 무엇을 해야 할지 정해주는 것보다는 "오늘 무슨 놀이를 하고 놀까?", "무엇을 만들고 싶어?", "바람개비는 어떤 재료로 만들면 좋을까?"와 같이 선택 가능한 놀이 환경과 질문이 아이의 자신감을 길러줄 수 있습니다. 즉, 아이들과 놀이를 할 때는 항상 아이들에게

선택 기회 유무에 따른 아이들의 놀이 모습

선택 기회가 없는 아이들	선택 기회가 주어진 아이들
매사 수동적으로 참여함	매사 주도적으로 참여함
오래 집중하지 못하고 몰입도가 떨어짐	놀이에 흥미를 느끼며 강하게 몰입함
누군가 세워놓은 목표를 위해 노력함	스스로 목표를 세워 달성하기 위해 노력함
실패 확률이 높고 좌절감을 경험함	스스로 해냈다는 성취감을 경험함
자신감을 키워나가지 못함	자신감을 꾸준히 키워나감

선택권이 주어지는지를 점검해야 하는 이유가 여기에 있습니다.

✦ 아이의 수준에 맞는 과제를 주세요 ✦

"선생님, 우리 아이는 왜 책을 안 좋아할까요? 책을 읽어주면 다 읽기도 전에 다른 곳으로 가버려요."
"선생님, 저희 아이는 퍼즐을 거의 안 해요. 아무래도 하기 싫어하는 것 같아요. 어떻게 도와주면 좋을까요?"

아이가 특정 활동에 잘 참여하지 않는다며 고민하는 분들의 놀잇감을 살펴보면 아이의 수준보다 높은 수준의 것을 제공하는 경우가 꽤 많습니다. 아이는 한 구절이 단순하게 반복되는 책을 좋아하는 수준인데, 이야기가 있는 책을 읽어줘야 한다고 해서 긴 글의 책을 읽어주니 아이가 당연히 집중을 못 하고 자리를 옮겨버립니다. 아이는 4조각 퍼즐을 즐겁게 맞추면서 성취감을 느끼는 시기인데, 12조각 퍼즐을 건네주니 당연히 관심을 보이지 않고 하기 싫어합니다.

아이에게 자신감을 가지고 즐겁게 참여하는 태도를 길러주려면 아이의 수준보다 어려운 과제를 줘서 좌절감을 느끼게 해선 안 됩니다. 아이가 조금만 노력해서 충분히 해낼 수 있는 수준의 놀잇감을 준비하는 것이 중요합니다. 만약 퍼즐을 준비한다면 아이 스스로 80~90% 정도 해낼 수 있는 수준의 것이나, 부모가 "퍼즐 조각을 한 번 돌려볼래?", "코끼리 다리가 필요할 것 같은데?"와 같이 한두 마디 도움을 주어 아이가 완성할 수 있는 수준의 것이 좋습니다. 부모는 우리 아이가 옆집 아이처럼 12조각 퍼즐을 맞추는 것이 중요한 게 아니라, 아이 스스로 해낼 수 있다는 자신감을 키워주는 것이 훨씬 중요하다는 사실을 명심해야 합니다.

✦ 결과보다는 과정을 칭찬해주세요 ✦

"칭찬은 고래도 춤추게 한다"라는 말이 있지만, 반대로 "잘못된 칭찬은 독이 된다"라는 말도 있습니다. 그만큼 칭찬을 어떻게 하느냐에 따라 결과가 달라진다는 것을 의미합니다. 부모는 아이를 키우면서 칭찬만큼 효과적인 육아법이 없다고 생각하고, 또 아이는 언제나 칭찬을 받고 싶어 하기에 대부분의 부모가 칭찬을 많이 하려고

결과에 대한 칭찬 vs 과정에 대한 칭찬

상황	결과에 대한 칭찬	과정에 대한 칭찬
그림을 그려서 보여줄 때	"잘 그렸네!"	"하늘을 정말 다양한 색으로 칠했구나."
퍼즐을 맞춰서 보여줄 때	"우아, 다 맞췄어!"	"처음엔 좀 어려워하더니, 포기 안 하고 끝까지 해냈네."
문제를 풀어서 답을 맞혔을 때	"100점 맞았네!"	"문제 풀기 어렵지 않았어? 오래 고민하는 모습이 정말 기특했어."
달리기에서 가장 먼저 결승점에 도착했을 때	"잘했어. 1등이네!"	"최선을 다해 달리는 모습 봤어."

노력합니다. 그런데 이때 "잘했어!", "최고야!"처럼 결과에 대한 칭찬만 하다 보면 아이는 '꼭 1등을 해야 하는구나', '꼭 잘해야만 하는구나'라는 생각을 하게 되어 그러지 못한 상황에서 좌절하거나 자신감을 잃는 경우가 많습니다. 그러므로 아이의 자신감을 키워주기 위해서는 결과를 칭찬하는 대신, 아이가 노력한 부분이나 조금이라도 변화한 부분, 즉 과정에 대해 칭찬하는 것이 훨씬 좋습니다.

✦ 부모님의 믿음을 보여주세요 ✦

아이가 아무리 자기가 가진 능력을 믿고, 나는 잘할 수 있다고 생각하더라도 아이에게 가장 큰 영향을 미치는 부모가 온전히 믿어주지 않는다면 아이는 점차 자신감을 잃어갈 수 있습니다. 반면에 아이가 용기를 내기 힘들어하고, 나는 할 수 없을 것 같다고 불안해하더라도 부모가 "너는 잘할 수 있어", "엄마는 널 믿어", "아빠는 네가 결국 해낼 것을 알아"라고 믿어준다면, 아이는 점차 자신감을 얻어 앞으로 나아갈 수 있게 됩니다.

농구 골대에 공을 넣는 놀이를 하면서 아이에게 "넣을 수 있어. 파이팅!"이라고 부모가 믿음을 보여준다면 아이는 자신감을 가지고 공을 던질 수 있습니다. 반면에 "네가 정말로 할 수 있겠어?", "그렇게 던지면 절대 안 돼. 팔을 쭉 펴야 해"와 같이 부모가 더 불안한 모습을 보이거나 잘못된 부분을 지적한다면 아이는 자신감이 쭈그러들고 행동이 위축될 것입니다. 결과 역시 좋지 않은 건 당연히 일일지도 모릅니다.

놀이 상황이 아니더라도 아이에게 용기가 필요하다면, 자신을 믿을 힘이 더 필요하다면 매일 아침 집 밖으로 나가기 전에 거울을 보고 함께 외쳐보기를 바랍니다.

"나는 잘할 수 있다!"
"너를 믿어!"

이렇게 주문을 건 다음에 집 밖으로 나간다면 자신감이 매일매일 조금씩 쌓일 것입니다. 부모가 아이를 믿어준다면, 아이에게는 나를 믿는 힘이 더 많이 생기고, 결국 세상이 아이를 믿고 아이의 능력에 의지하게 될 것입니다. 그러니 매일 아침 아이와 함께 주문을 걸어 보면 좋겠습니다.

자신감을 발달시키는
실외 놀이

아이들은 실내에서 놀잇감을 가지고 놀이할 때보다 실외, 특히 자연 속에서 놀이할 때 심리적인 안정감을 느끼고 편안하게 놀이에 참여합니다. 실외는 공간의 활용도 면에서 훨씬 크고 자유로우며, 답을 찾아야 하거나 꼭 해야만 하는 일이 없어서 아이들이 더 편안함을 느낍니다. 친구들과 함께 놀이할 때도 자연물이 놀잇감이기에 놀잇감 선택에서도 분쟁이 줄어들며, 자연을 함께 즐기고 몸을 탐색하는 기회가 많아 성취감과 즐거움을 더 폭넓게 경험할 수 있습니다. 그리고 무엇보다 넓은 공간에서 자유롭게 걷고 뛰는 등 신체적 움직임을 시도하면서 스스로 몸을 조절하는 일에 자신감을 얻을 수 있습니다. 유아 시기 아이에게는 "나는 잘 뛸 수 있어", "나는 높은 곳에서 점프할 수 있어", "나는 이만큼 높이 올라갈 수 있어"와 같이 신체적 유능감을 경험하는 일이 곧 자신감으로 이어집니다. 이때 아이는 내가 다른 사람보다 높이 뛴다는 것에서가 아니라, 나 스스로 이만큼 할 수 있다는 것에서 자신감을 느낍니다. 물론 이러한 놀이는 실내에서도 할 수 있지만, 몸을 마음대로 움직이기에는 "테이블 조심해", "아래층이 시끄러울 거야"처럼 제약이 많기 때문에 실외 놀이가 더욱더 필요합니다.

모래 놀이

모래로 자유롭게 놀아요

모래는 정해진 형태가 없어 자유롭게 변형할 수 있으며, 많은 모래를 이용해 더 넓게, 더 높이, 더 깊게 등 마음껏 표현할 수 있으므로 자신감을 키우는 데 도움을 주는 놀이 입니다.

**추천 연령
만 2~6세**

○ 준비물 모래, 모래가 있는 장소

◇ 놀이를 하기 전에

산책할 때 아이가 땅바닥의 흙이나 모래에 관심을 보인다면 직접 경험 하게 합니다.

"나무 아래에 흙이 있네? 만져봐도 괜찮아."
(손에 묻는 것을 싫어한다면) "나뭇가지로 만져볼까?"

◇ 놀이 방법

❶ 모래를 자유롭게 만져봅니다.

"지난번에는 나무 밑에 있던 모래를 만져봤는데, 이번에는 놀이터 모래를 만져볼까?"
"놀이터에 모래가 정말 많네. 이 모래로 우리가 무엇이든 만들 수 있겠어."

❷ 모래를 담을 수 있는 그릇이나 숟가락을 활용합니다.

"이 삽으로 모래를 파면 꽤 깊이 팔 수 있겠는데?"
"컵에 모래를 가득 담아서 뒤집었더니 케이크가 되었어."

❸ 물을 더해 모래의 다른 질감을 경험해봅니다. 모래가 물을 만나면 단단하게 뭉쳐지기 때문에 다양한 모양을 만들 수 있습니다.

"물을 부으니 모래가 단단해진 것 같은데? 모래를 이렇게 뭉쳐볼게."
"물을 섞으니 모래로 여러 가지 모양을 만들기가 쉬워졌는데?"

❹ 놀이에 몰입한 아이를 그냥 두지 않고 적절히 반응해줍니다. 그러면 아이는 부모로부터 인정받았다고 생각해 '아, 내가 잘하고 있구나'라고 자신감을 경험할 수 있습니다.

"모래를 이렇게나 깊이 팠어? 우아, 여기 빠지면 꼼짝 못 하겠는데?"
"모래로 멋진 길을 만들었네. 이 길은 사람도 자동차도 지나갈 수 있겠는데?"

◇ 놀이를 하고 나서

모래로 만든 것을 활용해 역할 놀이로 연결합니다. 모래로 음식을 만들어 식당 놀이를 할 수도 있고, 길을 만들어 자동차 길 놀이를 할 수도 있습니다. 하나의 놀이에서 내가 만든 것을 또 다른 놀이에 활용해 놀이가 확장되는 경험, 내가 만든 것으로 엄마와 아빠가 함께 즐겁게 놀이하는 경험은 아이의 자신감을 키워줄 수 있습니다.

부모의 말과 아이의 자신감

자신감을 떨어뜨리는 부모의 말	자신감을 키워주는 부모의 말
"모래 만져봐. 뭘 묻는다고 그래?"	"모래 만지는 거 좀 싫지? 그럼 이 숟가락으로 한번 퍼봐. 어때? 숟가락으로 하니까 할 수 있겠지?"
"모래를 언제까지 문지르기만 할 거야?"	"모래를 문지르니까 기분이 좋지? 그렇게 문지르니 손가락 자국이 생겼네. 그림을 그리는 것 같구나."
"모래를 꽉꽉 채워야 케이크를 만들 수 있어. 여기 꽉 채워야지!"	"아까보다 더 단단한 케이크가 되었네? 어떻게 한 거야? 어떻게 하면 더 튼튼하게 만들 수 있는지 알게 되었구나."
"모래를 왜 여기에 털어?"	"○○가 힘이 센가 봐. 손을 털었더니 여기까지 다 날아오는데? 힘이 너무 세니까 좀 살살 털어줄래?"

◇ 주의사항

모래 놀이를 하면서 아이의 자신감을 키워주려면 정해진 방법이 없어야
하고, 아이가 놀이하는 모습을 그대로 인정해주는 부모의 상호 작용이
필요합니다. 모래로 꼭 무엇을 만들지 않아도 모래를 문지르고 집중하는
모습만으로도 아이는 인정받을 만하며, 이러한 인정이 곧 적절한 칭찬으
로 작용해 아이의 자신감을 키워주게 됩니다. 모래처럼 정해진 방법 없
이 가지고 노는 개방적인 놀잇감이 아이의 발달을 촉진시킨다고 말하는
이유도 여기에 있습니다.

집 밖에서 나만의 놀잇감을 찾아요

놀이터, 공원, 숲 등에서 만나는 돌멩이, 나뭇가지, 나뭇잎, 솔방울, 열매 등의 자연물을 이용하는 놀이입니다. 자연물을 모아보거나, 자연물을 이용해 만들기를 할 수 있습니다. 내가 원하는 대로 모으고 만들며 창의적인 생각을 표현하면서 '난 이런 걸 할 수 있구나', '난 이걸로 이만큼 만들 수 있구나'를 느끼고 자신감을 얻을 수 있습니다.

추천 연령
만 2~6세

○준비물 돌멩이, 나뭇가지, 나뭇잎, 솔방울, 열매 등 자연물

◇ 놀이를 하기 전에

아이와 함께 놀이터에 가거나 산책을 하면서 돌멩이, 나뭇가지, 나뭇잎, 솔방울, 열매 등의 자연물에 관심을 가지도록 이끌어줍니다. 부모가 "더

러워. 만지지 마", "만지지 말고 그냥 두고 와"라고 하면 아이가 자연물에 관심을 가지기가 힘듭니다. 부모가 먼저 주변 자연물에 관심을 보이는 자세가 필요합니다.

"여기는 예쁜 꽃이 피어 있고, 저기는 열매가 열려 있네."
"바닥에 나뭇잎과 나뭇가지가 떨어져 있구나."

◇ 놀이 방법

❶ 밖에서 놀 때 돌멩이, 나뭇가지, 나뭇잎, 솔방울, 열매 등 아이가 주변에 떨어진 자연물에 관심을 보인다면 함께 관찰해봅니다.

"○○가 나뭇가지를 주웠네. 나뭇가지가 바닥에 떨어져 있었구나."
"동그란 돌도 찾았구나. 이 컵에 돌을 담아볼까?"

❷ 자연물을 이용해 나뭇가지 모으기, 나뭇가지로 모양 만들기, 열매 굴리기 등 다양한 놀이를 해봅니다.

"○○가 모은 나뭇가지 2개를 붙여놓으니까 세모 모양처럼 보이는데?"
"○○ 도토리는 정말 잘 굴러가는데? 어떻게 하면 그렇게 멀리까지 굴릴 수 있어?"

❸ 자연물을 이용해서 참여한 놀이나 만든 결과물을 통해 성취감을 경험합니다. 아이가 만든 작품을 부모가 말로 표현해주거나, 새로운 생각을 인정해주는 것이 칭찬이며, 이러한 칭찬으로써 아이는 자신감을 키울 수 있습니다.

"○○가 나뭇가지랑 나뭇잎으로 놀라운 모양을 만들었구나. 여러 가지 모양이 생겼어."

"네가 잘 굴러가는 도토리를 발견해서 우리가 도토리 멀리 굴리기 시합을 할 수 있었어."

◇ 놀이를 하고 나서

실외에서 모은 돌멩이, 나뭇가지, 나뭇잎, 솔방울, 열매 등의 자연물을 집으로 가져와 만들기를 합니다. 다음과 같이 자연물을 활용해 다양한 놀이를 할 수 있습니다.

자연물 액자 만들기	자연물 꽃이 만들기	돌멩이에 그림 그리기
두꺼운 도화지를 액자 모양으로 자른 다음에 목공풀을 이용해 꽃잎, 돌, 열매 등을 붙여 액자를 꾸밉니다. 풀이 다 마르면 뒤에 사진을 붙여 걸어줍니다.	지점토에 여러 가지 자연물을 꽃꽂이하듯이 꽂아줍니다. 나뭇가지를 꽂아 생일 케이크를 만들기도 하고, 나뭇잎을 꽂아 나무를 만들 수도 있습니다.	돌멩이에 물감이나 크레파스를 칠해 알록달록 돌을 만듭니다. 이때 반짝이풀이나 반짝이 물감을 이용하면 보석 돌로도 만들 수 있습니다.

솔방울에 물감 색칠하기	꽃잎 편지지 만들기	데굴데굴 열매 굴리기

솔방울에 물감을 색칠해 알록달록 솔방울을 만들 어봅니다. 물감이 마르면 크리스마스트리를 장식할 오너먼트를 만들거나 실 을 매달아 모빌을 만들 수 도 있습니다.

봄에 땅에 떨어진 꽃잎을 책장 사이에 넣어 말립니 다. 꽃잎이 작은 벚꽃보다 는 조금 더 큰 진달래, 개 나리, 철쭉 등을 말리면 활 용하기에 더 수월합니다. 일주일 후에 잘 마른 꽃잎 을 꺼내 편지지에 붙여 소 중한 사람에게 편지를 써 봅니다.

도토리, 밤, 사과 등의 열 매를 굴려보는 놀이입니 다. 경사로를 이용하거나 상자 안에 넣어 이리저리 굴려봅니다. 이때 열매에 물감을 묻혀서 굴린다면 열매가 굴러가는 길을 따 라 물감이 묻는 모습을 관 찰할 수 있습니다.

◇ 주의사항

자연물로 놀이를 하다 보면 자칫 아이가 자연물을 내 마음대로 자르거 나 꺾는 등 자유롭게 사용해도 된다고 생각할 수 있습니다. 이럴 때 아 이에게 정확한 한계를 설정해서 놀이에 사용해도 되는 자연물과 소중히 아껴야 하는 자연물을 알려주는 것이 필요합니다.

"땅에 떨어진 꽃잎이나 나뭇가지는 주워서 놀아도 되는데, 그렇지 않은 꽃 이나 나무는 우리가 잘 지켜줘야 해."

"바닥에 떨어진 나뭇잎을 주워보자. 나무에 달린 것은 소중한 생명이야."

오르락내리락 놀이

신체적 유능감을 경험할 수 있어요

계단, 미끄럼틀, 낮은 언덕, 작은 바위를 오르고 내려오는 놀이입니다. 나의 신체를 조절해 오르고 내려옴으로써 아이는 신체적 유능감을 경험하고 자신감을 얻을 수 있습니다.

추천 연령
만 2~6세

○준비물 오르고 내려올 수 있는 장소, 편한 복장과 신발

◇ 놀이를 하기 전에

밖으로 나가기 전에 집 안에서 오르고 내려오기를 연습해봅니다. 아이용 의자, 식탁 의자, 소파, 높은 곳에 있는 물건을 꺼낼 때 사용하는 디딤대,

실내용 미끄럼틀 등 집 안에 있는 물건 중 적당한 것을 골라 활용합니다.

"식탁 의자에 올라가려면 어떻게 해야 할까?"

"소파에 혼자 올라갔다가 내려올 수 있겠어? 엄마(아빠)가 여기서 지켜볼 테니까 한번 해봐."

◇ 놀이 방법

❶ 실외(놀이터나 공원)에서 아이가 오르고 내려올 수 있는 놀이기구(미끄럼틀이나 정글짐) 혹은 작은 바위나 낮은 언덕에서 놀이를 시작합니다.

"저 바위에 올라갈 수 있겠어? 어떻게 하면 올라갈 수 있을까?"

"엄마(아빠)가 좀 도와줄까? 여기를 잡아주면 될까?"

❷ 오르고 내려오는 아이가 자신감을 키우도록 '잘하고 있다'라는 사실을 알리거나, '도와줄 수 있다'라는 메시지를 통해 안심을 시킵니다.

"그쪽을 손으로 잡고 다리를 위로 올렸네. 잘했어! 위쪽을 먼저 꽉 잡으면 할 수 있어."

"내려올 수 있을지 아래를 한번 봐봐. 엄마(아빠)가 여기 있을 테니까 걱정하지 마."

❸ 오르고 내려오고 나서 처음에 어땠는지, 직접 하니까 어땠는지 과정을 돌아보는 질문을 해서 아이 스스로 성취감을 느낄 수 있도록 이야기를 나눠봅니다.

"처음에는 좀 무서워했잖아. 막상 해보니까 어때?"

"큰 용기를 낸 거네. 이거 봐. 무엇이든지 용기를 내면 할 수 있는 거야."

◇ 놀이를 하고 나서

오르고 내려오기를 할 때 지켜야 하는 다양한 규칙을 만들어봅니다. 새로운 방법을 생각하고 만드는 과정이 창의적 사고를 증폭시킬 수 있습니다. 내가 생각해서 만든 방법으로 놀이를 하며 즐거움을 느낀다면, 이 감정은 성취감으로까지 자연스럽게 이어집니다.

"우리 내려올 때는 계단 2번째 칸에서 점프하기로 했잖아. 진짜 재미있겠다!"
"바위에서 내려올 때 이 선까지 뛰어보자고? 우리가 어떻게 할지 궁금한데?"

◇ 주의사항

아이가 높은 곳에 오르고 내려오려는 모습을 보이면 부모 대부분은 "뛰지 마!", "조심해!", "위험해!"라는 말을 자동으로 합니다. 그러나 부모의 이런 반응은 아이로부터 스스로 도전하고 자신의 신체적 한계를 시험하는 기회를 빼앗을 가능성이 큽니다. 아이에게는 스스로 위험한 상황을 인지하고 스스로 판단할 기회가 필요합니다. "위험해!" 대신에 "아래를 한번 내려다볼래? 네가 뛰어내릴 수 있는 높이인지 생각해봐"라는 말을 건네주는 것이 훨씬 좋습니다. 아이의 행동을 제지하기 전에, 아이가 먼저 상황을 판단하고 스스로를 조절할 기회를 줘야 합니다. 이러한 기회가 자기가 가진 능력을 인지하고 할 수 있는 만큼 하는, 자신감의 원천이 되어줍니다.

공놀이

공을 가지고 놀며 몸을 다양하게 움직여요

실외에서 공으로 하는 모든 놀이입니다. 공을 이용해 놀이하다 보면 공을 따라가 발로 차기, 공을 골대에 넣기 등과 같은 목표에 따라 아이는 신체 조절의 기회를 얻게 되며, 이를 통해 신체 조절력과 유능감을 경험할 수 있습니다.

○준비물 아이가 좋아하는 공(탱탱볼, 축구공, 농구공 등)

◇놀이를 하기 전에

집에서 풍선이나 헝겊 공을 이용해 놀이해봅니다. 실내에서는 층간 소음 을 고려해 비교적 소리가 나지 않는 풍선이나 헝겊 공을 이용하며, 아이

260

가 뛰어다녀서 이웃집에 피해가 예상된다면 바닥에서 일어나지 않고 앉아서만 공을 주고받는 규칙을 만들 수도 있습니다.

"○○가 풍선을 잘 치네. 발로도 뻥! 잘 차고."
"네가 뛰면 아래층에 시끄러운 소리가 들릴 수 있으니, 우리 앉아서 하자."

◇ 놀이 방법

❶ 놀이터나 공원에 갈 때 공(탱탱볼, 축구공 등)을 챙깁니다.

"집 안에서는 공놀이하기가 좀 힘들었지? 우리 밖으로 나가 신나게 뛰면서 해보자!"
"공을 가지고 나가서 어떤 놀이를 할 수 있을까?"

❷ 공을 던지거나 발로 차면서 자유롭게 놀이해봅니다. 아이의 놀이 모습을 관찰하며 스스로 할 수 있다는 마음이 들도록 더 멀리까지 가기, 더 높은 곳까지 던지기 등의 적당한 과제를 제시해주는 것도 좋습니다.

"공 차면서 뛰어갈 거야? 혹시 저기 끝까지 뛰어갈 수 있겠어?"
"공을 잘 던지네. 저기 높은 곳까지도 한번 던져볼까?"

❸ 공놀이하는 사이사이에 아이가 잘하는 부분을 이야기하여 성취감을 느끼도록 도와줍니다.

"○○가 공을 정말 잘 차네. 뛰어가면서도 공을 계속 발로 차는 걸 정말 잘하는데?"
"공을 저기 나무만큼 높이 던졌잖아. 어떻게 하면 그렇게 할 수 있어? 엄마(아빠)도 해보고 싶어."

◇ 놀이를 하고 나서

축구나 농구처럼 규칙이 있는 공놀이에 도전해봅니다. 규칙이 있는 경기에 참여하는 경험도 아이에게 '나는 잘할 수 있다!'라는 자신감을 심어줄 수 있습니다. 이기고 지는 규칙이 아니라, 축구는 골대에 공을 넣으면 점수를 얻는다, 농구에서 공은 손으로만 잡는다 등과 같이 경기에서 반드시 지켜야 하는 규칙을 따르는 것입니다.

"저기 골대에 공을 넣을 수 있겠어? 엄마(아빠)가 골키퍼를 맡을게. ○○가 골대까지 와서 공을 넣으면 1점이 되는 거야. 대신에 공은 발로만 차면서 와야 해."
"골대에 공을 넣어볼까? 농구에서는 골대에 공을 넣으면 2점을 얻고, 더 멀리서 공을 던져 넣으면 3점을 얻어. 지금부터 엄마(아빠)가 공을 막을 테니까 너는 잘 피해서 공을 던져봐."

◇ 주의사항

공놀이할 때는 아이의 수준에 맞춰주는 것이 중요합니다. 아이의 수준보다 엄마 아빠가 너무 잘하는 모습을 보여주면 아이는 자신감을 경험하지 못하고 "이제 그만할래요…" 하며 오히려 위축될 수도 있습니다. 특히 아빠가 아이와 공놀이하는 모습을 보면 아빠가 더 신나서 더 잘하려는 모습을 보여주는 경우가 많은데, 물론 아빠가 즐기는 모습을 보여주는 것은 좋으나, 아이에게 보란 듯이 잘하는 모습을 보여주거나 자랑하듯 이야기한다면 아이가 좌절감을 경험할 수도 있습니다. 어떻게 하는지 보여주고, 규칙을 알려줄 때는 아이가 조금만 노력해서 할 수 있는 정도의 수준을 유지해주는 지혜가 필요합니다.

탈것 놀이

킥보드와 자전거를 신나게 타면서 놀아요

공원이나 놀이터에서 킥보드 혹은 자전거를 타는 놀이입니다. 아이가 자신의 신체를 조절하여 탈것을 움직이고 원하는 방향으로 이동하는 경험은 역시 자신감을 키우는 데 도움이 됩니다.

추천 연령 만 5~6세

○준비물 킥보드, 자전거 등 탈것

◇ 놀이를 하기 전에

아이가 주변에서 킥보드나 자전거 등 탈것을 타는 사람들을 관심 있게 쳐다보며 타고 싶어 하는지, 또 TV나 유튜브 등 영상을 보며 관심을 나타내는지를 관찰하면서 탈것을 준비합니다.

"○○도 킥보드 타보고 싶어? 쌩쌩 달리는 게 재밌어 보이지?"

"○○도 자전거 타보고 싶어? 저렇게 다리를 움직이면 바퀴가 굴러가나 봐."

◇ 놀이 방법

❶ 아이의 연령에 맞는 킥보드나 자전거를 준비해 함께 탐색해봅니다.

"지난번에 놀이터에서 ○○가 이거 타고 싶다고 했지? 엄마(아빠)가 ○○ 걸 준비했어."

"어디에 바퀴가 달렸는지, 어디를 잡아야 하는지… 한번 볼래?"

❷ 아이 스스로 방법을 찾아내도록 기다립니다. 그러고 나서 어떻게 하면 안전하게 탈 수 있을지 발을 움직이는 법, 손잡이를 잡는 이유 등의 이야기를 나누며 적절한 도움을 줍니다.

"발을 어떻게 움직여야 앞으로 갈 수 있을까?"

"손잡이를 잡지 않으면 옆으로 넘어질 수 있어. 양쪽을 잘 잡고 발을 천천히 움직여봐."

❸ 혼자 발을 움직인 일, 속도를 낸 일, 방향을 바꾼 일 등 스스로 해낸 일에 성취감을 느끼고 자신감을 가지도록 이야기를 나눠봅니다.

"방향도 바꿨어? 왼쪽으로 손을 움직이니까 왼쪽으로 가는데?"

"처음엔 조금 무서웠지만, 용기 내보니까 어때? 이제 혼자 탈 수 있겠지?"

◇ 놀이를 하고 나서

방향을 바꾸거나 속도를 내는 일에 익숙해지면 장애물 피해서 운전하기,

목표 지점 갔다가 돌아오기 등의 놀이에 도전해봅니다. 이렇게 규칙을 정함으로써 재미를 더할 수 있을 뿐만 아니라, 좀 더 다양한 신체를 활용하게 되어 신체 조절력을 기르는 데도 도움이 됩니다.

"이쪽저쪽에 돌을 3개 놓아둘게. 돌을 피해서 조심조심 운전해볼까?"
"저기 울타리 가까이에 있는 은행나무 보여? 저 나무까지 갔다 와보자."
"저기까지 갔다가 돌아오는 데 시간이 얼마나 걸릴까? 엄마(아빠)가 재고 있을게. 자, 출발!"

◇ 주의사항

탈것으로 놀이할 때는 안전이 가장 중요합니다. 헬멧과 안전 보호대를 착용하고, 자동차가 다니지 않는 공간에서 탈 수 있도록 합니다. 사람이 지나갈 때, 자동차가 보일 때 등 상황에 따라 어떻게 대처해야 하는지 구체적인 약속을 정하는 것도 필요합니다.

"킥보드는 차가 다니지 않는 길에서 타야 해. 속도를 내면 차가 킥보드를 보지 못할 수도 있거든. 만약 차가 오면 꼭 멈추고, 차가 다 지나가고 나서 다시 출발해야 해."
"자전거를 탈 때 꼭 지켜야 하는 규칙이 있어. 앞에 사람이 지나가면 자전거를 멈춰야 한다는 것. 사람이 다 지나가면 그때 다시 출발하는 거야. 할 수 있겠지?"
"내리막길이 나오면 속도를 늦추거나 미리 멈춰야 해. 내리막길에서는 속도가 많이 붙어서 멈추는 게 굉장히 어렵거든."
"넘어지면 무릎이나 팔꿈치가 다칠 수 있어. 헬멧과 안전 보호대를 하면 넘어졌을 때 그래도 조금은 안전할 거야."

토닥토닥맘 Q&A

Q. 언제나 1등을 하고 싶고, 칭찬만 받고 싶어 하는 아이를 어떻게 도와줘야 할까요?

부모가 아이를 칭찬하다 보면 무심결에 "잘했어!", "최고야!"라는 말을 많이 하게 됩니다. 그런데 이런 말을 많이 듣고 자란 아이일수록 내가 최고라는 칭찬, 내가 잘했다는 칭찬, 내가 1등이라는 칭찬을 늘 듣고 싶어 합니다. 그러면서 동시에 결과에 연연하고, 1등을 못 하면 좌절하고, 최고라고 하지 않으면 속상해합니다. 따라서 아이에게 칭찬을 할 때는 결과에 초점을 두고 칭찬하기보다는 노력한 부분에 대한 적절한 칭찬이 꼭 필요합니다.

특히 매번 1등을 하고 싶어 하는 아이는 잘하고 싶은 마음이 큰 아이입니다. 이런 아이에게 "1등 안 해도 돼", "블록이 무너져도 괜찮아", "만들기가 망가지면 좀 어때?"라는 위로는 크게 와닿지 않습니다. 오히려 잘하고 싶어 하는 마음에 공감해주고, 어떻게 하면 잘할 수 있을지 실질적인 도움을 주는 방법이 필요합니다. "잘하고 싶었는데 1등을 못 해서 속상하구나", "블록을 높이 쌓고 싶었는데 무너져서 속상하겠다"처럼 먼저 마음을 살핀 다음에 어떻게 하면 잘할 수 있을지를 고민해주세요. "어떻게 하면 다음에 더 잘할 수 있을까?", "어떻게 하면 무너지지 않을까?"를 함께 이야기해본다면 분명 더 나은 생각을 할 수 있습니다. 그리고 이 생각 안에서 아이는 그만큼 또 성장하게 될 것입니다.

미디어 조절력
& 디지털 놀이

"새로운 세상을 경험할 수 있어요."

미디어 조절력이
중요한 이유

✦ 디지털 네이티브들이 노는 새로운 방법 ✦

"아이들의 놀이 기록을 보면 그 시대를 알 수 있다"라는 말에 공감했던 것이 벌써 15년 전의 일입니다. 2009년 처음 담임 교사로 연세대학교 어린이생활지도연구원에서 수업하던 날이었습니다. 초임 교사였던 저는 빔 프로젝터와 교실 한쪽의 롤스크린을 이용해 아이들에게 사진을 보여주고 있었습니다. 그때 만 3세 아이가 롤스크린 앞에 나와 화면을 키우기 위해 손가락을 움직이던 모습에 소스라치게 놀랐던 일이 떠오릅니다. 집에서 터치스크린을 사용했던 경험을 그대로 적용한 것이었습니다. 그로부터 몇 년이나 지났을까요. 마트 놀이를 할 때 "저는 카드를 안 갖고 왔어요. 핸드폰으로 할게요"라며 핸드폰으로 계산하려는 아이들이 보였습니다. 간편 결제가 한창 공

용화되던 때였습니다. 아이들은 엄마 아빠가 카드 대신에 핸드폰으로 결제하던 모습을 그대로 자기들의 소꿉놀이에서 보여준 셈입니다. 이런 변화 때문인지 지금은 많은 아이들이 지폐와 동전에 익숙하지 않아, 돈 화보를 만들어 벽에 붙여놓고 있을 정도입니다.

요즘 아이들은 디지털 네이티브Digital Native라고 할 정도로 태어날 때부터 일상 속에서 디지털 미디어를 접합니다. 모든 전기 기기를 손으로 터치하는 것은 물론, TV를 켜주고 질문에 답해주는 AI, 동화책을 읽어주고 그림을 그려주는 AI 등 디지털 기기와 떼려야 뗄 수 없는 관계가 되었습니다. 따라서 아이들의 놀이에 미디어가 등장하는 것은 너무 자연스러운 일이며, 그런 놀이를 지지해줘야 하는 것이 교사와 부모의 역할이 되었습니다. 이와 같은 변화를 한때는 걱정과 우려의 시선으로 보기도 했으나, 계속해서 많은 연구들이 놀이 속에 미디어를 접목하고, 이를 잘 다룰 줄 아는 아이로 키우는 일이 성인의 역할이라는 것에 힘을 싣고 있습니다. 이러한 흐름에 따라 교육부와 보건복지부에서도 디지털 기반 놀이 환경 지원을 위한 지침서를 교사와 학부모를 위해 작성하여 배부하고 있으며, 교사들은 디지털 놀이를 위한 역량 교육에 참여하기도 합니다.

디지털 놀이 관련 자료

• 한국보육진흥원
  '배움을 놀이에서 찾다' 3종 자료집 중 '디지털놀이'

- i-누리(누리과정 포털 사이트)

배움놀이 > 현장지원자료 > 디지털놀이환경

실제로 이제 6세가 된 둘째의 어린이집 작품 전시회에 참여했던 날, 아이의 교실에서 얼마나 많은 디지털 놀이가 이뤄지는지를 실감하게 되었습니다. 아이들이 그동안 그리거나 만든 작품들을 어린이집 복도 공간에 쭉 전시하고 부모님들에게 보여주기로 한 날이었는데, 작품 밑에는 약속이나 한 듯 모두 QR 코드가 있었습니다. 그리고 복도 끝 커다란 스크린에서는 아이들이 만든 영상이 계속 상영되고 있었습니다. QR 코드를 스캔하면 작품을 만든 아이가 작품의 제목과 만든 과정 등을 이야기하는 영상이 재생되었고, 아이들이 만든 영상 또한 그 속에 그 영상이 만들어지게 된 이야기를 모두 담고 있었습니다. 이제는 교실에서의 놀이에 디지털 미디어가 그대로 녹아들어와 놀이를 더 풍성하게 만들어주고 있다는 사실을 확실히 알 수 있었던 시간이었습니다.

✦ 어른의 일상부터 아이의 놀이까지 파고든 디지털 미디어의 저력 ✦

Chat GPT를 시작으로 일을 처리해주는 AI를 얼마나 잘 활용하느냐에 따라 사람들은 업무 처리 시간을 단축할 수 있게 되었습니다. 정해진 단어를 입력만 하면 저절로 관련 메일이 발송되거나, 명령어만 넣으면 조건에 맞는 음악을 만들고 그림을 그려주는 앱 등을 활용하여 더는 업무 시간에 단순한 노동을 하지 않게 되었습니다. 업체에서는 "하루 2시간만 일하세요", "하루 3시간만 일하고도 돈 벌 수 있어요"라는 문구를 내세우며 업무 처리에 활용 가능한 프로그램을 홍보하기도 합니다. 결국, 디지털 미디어로 인해 어마어마한 양의 생산적인 일을 굉장히 편리하게, 또 효율적으로 처리할 수 있는 시대가 된 것입니다.

최근 디지털 놀이에 관한 관심이 커지면서 어린이집과 유치원의 각 교실에서는 스마트 기기(노트북, 태블릿, 카메라 등)를 활발하게 사용하고, 명령어를 입력해 작은 로봇을 움직이는 오조봇처럼 코딩 로봇을 활용한 놀이도 이뤄지고 있습니다. 교육부와 보건복지부에서 발표한 자료 중 디지털 놀이의 사례를 살펴보면, 만 5~6세 교실에서는 마트 놀이에 필요한 메뉴판을 만들 때 디자인 플랫폼(미리캔버스, 캔바 등)을 사용하기도 하고, 구글맵을 이용해 전 세계 구석구석의 모습을 직접 찾아보기도 하는 등 디지털이 가미되면서 기존의 놀이가 더 확장되고 수준이 높아지고 있다는 사실을 확인할 수 있습니다. 따라서 필요한 정보는 잘 활용하되, 지나치게 의지하거나 중독되지 않는, 제대로 된 디지털 미디어 사용으로 부모가 아이를 이끌어야 할 것입니다.

미디어 조절력을 키우는
부모의 태도

✦ 디지털 미디어 사용의 분명한 목적을 정하세요 ✦

"미디어 시청, 언제부터 해도 되나요?"라는 질문을 부모님들이 참
많이 합니다. 사실 언제부터 보여줄지를 고민하기 전에 어떤 목적으
로 아이에게 미디어를 보여주고 사용할 것인지를 분명히 해야 합니
다. 명확한 목적을 정해놓지 않으면 주변 사람들이 좋다는 것, 아이
가 좋아하는 것 등을 무분별하게 보여주거나 사용하게 되어 중심을
잃는 경우가 많이 발생하기 때문입니다. 그러므로 아이의 놀이와 교
육에 왜 미디어를 사용하려고 하는지에 대한 확실한 목적은 부부간
상의하에 정하는 과정이 꼭 필요합니다.

　최근에는 놀이를 할 때도 디지털 미디어를 사용하여 놀이가 확장
되도록 도와주는 경우가 많습니다. 구글맵으로 세계 여러 나라의 위

치를 알고 어떤 유명한 건축물이 있는지를 확인하며, 가상 배경을 통해 아이의 상상을 더 자극하고 촉진하도록 이끌어주기도 합니다. 이처럼 디지털 미디어를 놀이에 활용할 때는 어떤 목적을 가지고 어떤 앱을 선택하여 아이가 어디까지 사용하게 할 것인지에 대한 기준을 분명히 세워놓아야 그에 따른 규칙을 정하고 이것을 지키도록 안내할 수 있습니다.

디지털 미디어를 육아에 사용하는 목적

- **교육적 목적**
  한글, 수학, 과학 등 학습을 경험시키기 위해 사용하며 앱이나 TV, 유튜브 영상을 활용한다.

- **놀이 확장의 목적**
  아이의 놀이에 필요한 자료 혹은 영상을 활용한다. 또는 그림 그리기, 이야기 짓기 등 아이가 직접 쓸 수 있는 키즈 앱을 활용한다.

- **영어 듣기의 목적**
  영어를 많이 들려주기 위한 목적으로 영어로 된 영상만 시청하도록 한다.

- **휴식의 목적**
  아이를 쉬게 하려는 목적 혹은 부모가 잠시 쉬려는 목적으로 활용한다.

- **가족 취미의 목적**
  가족이 함께 좋아하는 영화를 시청하거나 율동을 따라 하는 등 즐거운 취미 활동을 위해 활용한다.

✦ 디지털 미디어 사용 규칙에 관해 이야기를 나누세요 ✦

　디지털 미디어의 사용 목적을 분명하게 정했다면, 그다음에는 디지털 미디어를 얼마나, 어떻게 사용할지에 대한 사용 규칙을 정해야 합니다. 부모가 의논하여 규칙을 정했다면 규칙은 모든 양육자(부모, 조부모, 베이비시터 포함)와 공유하여 일관되게 적용하는 과정이 필요합니다. 규칙은 아이에게 정확히 전달합니다. 만약에 아이가 규칙을 함께 논의할 정도(만 5세 이상)가 되면 규칙을 함께 정할 수도 있습니다. 규칙을 정할 때 디지털 미디어 사용 시간은 276쪽의 권장 가이드라인을 참고하기를 바랍니다.

　각 가정에서 가이드라인에 맞춰 규칙을 정했다면, 그다음은 부모의 일관되고 단호한 태도가 필요합니다. "그래. 오늘 아프니까 하루만 봐", "오늘만이야. 오늘만 더 보여주는 거야"처럼 일관성 없는 태도는 애써 만든 규칙의 힘과 권위를 떨어뜨리며, 아이가 원하는 바를 요구할 여지를 주게 될 수 있으므로 반드시 지양해야 합니다.

아이의 미디어 사용 권장 가이드라인(미국소아과학회, 2016)

생후 18개월 미만	• 가족과의 영상 통화를 제외하고는 아이에게 미디어 화면을 보여주지 않을 것을 권장합니다. • 2세 이전에 미디어에 노출된 영아는 인지 및 언어 발달이 지연되며, 사회적 상호 작용에 어려움을 겪는다는 연구 결과가 있습니다.
생후 18~24개월	• 디지털 미디어를 보여줘야 한다면 양질의 검증된 프로그램을 골라 보여주기를 권장합니다. • 디지털 미디어를 볼 때 아이와 함께 보면서 소통한다면 교육 효과를 기대할 수 있습니다.
2~5세	• 양질의 검증된 프로그램을 골라 보여주며, 하루 1시간 미만으로 시간을 제한합니다. • 부모는 아이와 함께 디지털 미디어를 보면서 이해를 도와주고, 일상생활과 연결해줄 것을 권장합니다.
6세 이상	• 디지털 미디어를 자유롭게 허용하지 않고, 사용 시간과 종류에 제한을 둬야 합니다. • 디지털 미디어의 사용이 수면, 신체 활동 등 다른 건강에 필수적인 행동을 방해하지 않도록 해야 합니다.

✦ 단순히 보는 것을 넘어 활용할 수 있게 도와주세요 ✦

교육적 목적으로 디지털 미디어를 사용하는 집을 살펴보면 대부분이 아이에게 교육용 영상이나 앱을 '시청'하게 하거나 '참여'하게 하는 경우가 많습니다. 그러나 디지털 미디어를 사용해 교육적 목적을 달성하려면 단순히 보여주고 참여시키는 것으로 끝나면 안 됩니다. 일상에서 '활용'하게 해야 합니다. 영어 듣기를 위해 영상을 보여 줬다면 영상에서 나온 어휘나 문장을 일상에서 활용하도록 부모가 함께 노력해야 교육적 목적을 달성할 수 있습니다. 수학 개념을 알려주기 위해 수학 게임이 포함된 교육용 앱을 사용했다면 앱에서 다룬 개념을 일상에서도 활용하여 덧셈이나 뺄셈을 직접 해봐야 합니다. 이렇게 하려면 아이 혼자 디지털 미디어를 사용하도록 해선 안 되며, 부모가 함께해야 합니다.

디지털 미디어를 일상에서 활용하는 가장 좋은 방법은 놀이에 접목하는 것으로, 놀이를 하다가 비슷한 상황을 마주하면 영상에 나왔던 어휘나 개념을 그대로 쓰는 것이 좋습니다. 아이가 영상 속 캐릭터를 좋아한다면 캐릭터를 이용해 인형 돌보기 놀이를 하거나, 연극 놀이를 하는 것도 디지털 미디어와 연결해 놀이하도록 도와주는 방법입니다.

최근에는 아이가 직접 그리고 쓴 그림이나 이야기를 디지털 미디어와 연결해 실제로 움직이게 만들거나, 내 얼굴이 이야기의 주인공이 되는 등 아이의 놀이를 디지털화하는 프로그램이 많이 개발되고, 또 실제로 사용되고 있습니다. 이제는 디지털 미디어를 일방적으로 보기만 하는 것이 아니라, 놀이에 적절히 활용하여 아이의 발달에 도움을 주는 방법을 더 고민하고 생각해봐야 할 시기인 셈입니다.

✦ 부모님이 먼저 디지털 미디어 사용을 잘 조절하세요 ✦

아이에게는 디지털 미디어 사용 규칙을 정해 일관되게 지키도록 하면서, 부모는 무분별하게 사용한다면 어떨까요? 아이에게 단호함을 유지하는 일이 굉장히 어려워질 수 있으며, 결국 무분별하게 사용해도 된다는 것을 간접적으로 보여주는 셈입니다. 부모에게도 스스로 디지털 미디어 사용 규칙을 세우거나 제한을 두는 일이 필요합니다. 이때 부모가 서로 의논하여 정한다면 더욱 좋습니다. 회사 근무 등의 변수가 있어 하루 동안의 총 사용 시간을 정하는 일은 어렵겠지만, 아이와 함께하는 시간 혹은 퇴근하고 집에 와서 아이가 잠들기 전까지의 시간 동안에는 디지털 미디어 사용을 최소화할 수 있는 규칙이나 기준을 충분히 세울 수 있습니다. 아이 앞에서 핸드폰을 하지 말아야지, 다짐했더라도 실천이 어렵다면, 집에 들어와 아이가 자기 전까지 핸드폰을 끄고 바구니 혹은 서랍에 넣어두는 방법을 추천합니다.

이처럼 규칙이나 기준을 정해두지 않으면 아이 옆에서 계속 핸드폰을 들여다보고, 또 TV를 내내 틀어놓는 부모 자신의 모습을 마주할 것입니다. "괜찮아요. 우리 아이는 TV를 틀어놔도 잘 안 봐요"라고 하는 분도 간혹 있습니다. 지금 당장은 부모가 틀어놓은 TV 프로그램에 관심을 보이지 않더라도 '저렇게 TV는 계속 보는 거구나'를 가르치고 있다고 생각하면 됩니다. "괜찮아요. 우리 아이는 제가 핸드폰을 봐도 신경 안 쓰더라고요"라고 하는 분도 역시 간혹 있습니다. 그런 아이는 부모와 함께 놀이하는 법을 몰라 혼자 놀이하는 것일 수 있습니다. 부모와 놀이하며 언어적 반응을 주고받으면서 언어 발달을 이루는 시기에 우리 아이는 언어 발달이 늦을 수도 있습니다. 그런가 하면 부모에게 사랑받는다는 느낌을 받지 못해 불안정 애착을 형성할 수도 있습니다. '잠깐은 괜찮겠지… 오늘까지는 괜찮겠지…'라는 부모의 태도로 인해 점점 아이의 미래가 어두워진다는 사실을 잊지 말아야 합니다. 우리 아이가 미디어 조절력을 키워 미래 인재로 성장하길 바란다면 부모가 먼저 미디어 조절력을 키워야 한다는 사실을 꼭 기억해야 할 것입니다.

디지털 미디어를 잘 조절하는 부모 vs 그렇지 못한 부모

디지털 미디어를 잘 조절하는 부모	디지털 미디어의 조절이 어려운 부모
아이와 놀이할 때 아이의 눈을 바라보며 진심으로 반응한다.	놀아달라는 아이 옆에서 눈을 핸드폰에 두고 영혼 없이 기계적으로 반응한다.
놀이 시간과 디지털 미디어 사용 시간을 분리하며, 아이가 관심을 보이지 않더라도 아이가 있는 공간에 TV를 틀어놓지 않는다.	아이와 거실에서 놀이할 때 내내 TV를 틀어놓는다.
아이에게 허용할 수 있을 때만 디지털 미디어를 함께 사용한다.	아이 옆에서 디지털 미디어를 사용하면서 아이에게는 접근하지 못하게 한다.
아이가 조용히 잘 보고, 부모가 편하더라도 디지털 미디어 사용 규칙을 지킨다.	아이가 조용히 잘 보고, 부모가 편하니 디지털 미디어를 한없이 허용한다.

미디어 조절력을 발달시키는 디지털 놀이

디지털 놀이는 디지털 기술을 활용하는 놀이를 뜻하는데, 놀이를 하기 위해서는 스마트폰, 태블릿 등의 디지털 기기가 필수적입니다. 디지털 놀이에는 모바일 게임이나 온라인 게임 등의 게임, 유튜브나 넷플릭스를 통해 보는 애니메이션이나 동영상, 그림이나 음악을 만들고 디지털 기술로써 움직이거나 연주하는 앱, 가상 현실VR 및 증강 현실AR로써 디지털 세계를 경험하는 앱 등을 활용합니다. 아이는 디지털 놀이를 통해 상상력과 창의력을 키우고, 디지털 기기를 적절히 사용하고 조절하는 방법을 자연스럽게 익힙니다. 유아 시기 아이들이 디지털 기기로 놀이할 때 어떻게 하면 올바르게 사용하고 스스로 조절해나갈 수 있을지, 어떤 점을 주의해야 할지에 대한 가이드를 통해 부모는 아이의 미디어 조절력을 발달시킬 수 있습니다.

디지털 놀이에 활용 가능한 앱

- Google Arts & Culture

  세계 각지의 유명한 미술 작품을 감상하고 예술적 창의력을 키울 수 있습니다. 가상 미술 갤러리 투어, 예술 작품의 디테일한 확대 보기 등 다양한 활동을 즐깁니다.

- Google Earth

  전 세계의 지형을 탐험하고 다양한 지리적 지식을 습득할 수 있습니다. 위성 지도, 거리 뷰, 역사적 장소 탐험 등을 통해 지구의 다양한 면모를 발견합니다.

- Google Jamboard

  잼보드로 아이들은 이야기를 만들고 그림과 함께 이야기를 공유할 수 있습니다. 아이들은 그림과 텍스트를 함께 사용하여 자기만의 이야기를 창작합니다.

- Google Expeditions

  가상 현실을 통해 세계 각지의 장소를 탐험하는 앱입니다. 아이들은 가상 여행을 함으로써 역사적인 장소, 자연 경관, 우주 등을 체험하고 배울 수 있습니다.

- FlipaClip

  간단하고 직관적인 인터페이스를 가진 2D 애니메이션 앱입니다. 아이들은 FlipaClip을 사용하여 그린 그림을 프레임 단위로 움직여 애니메이션을 만들 수 있습니다.

- Animate It!

  안드로이드 기기에서 사용할 수 있는 간단한 애니메이션 제작 앱입니다.

아이들은 자신의 그린 그림을 사용하여 프레임 애니메이션을 만들고, 다양한 도구와 효과를 통해 애니메이션을 꾸밀 수 있습니다.

- AR Zone

증강 현실 기술을 활용하여 가상 물체를 실제 환경에 배치하고 놀 수 있게 해주는 앱입니다. 아이들은 가상 물체와 상호 작용하면서 새로운 경험을 즐길 수 있습니다.

- Google Meet, Zoom, Microsoft Teams

비디오 콜 앱들은 가상 배경 기능을 제공하기에 아이들이 다양한 배경을 선택하여 친구들과 함께 가상으로 놀 수 있습니다. 즐겁고 창의적인 활동을 위해 가상 배경을 변경합니다.

- Minecraft

건축, 탐험, 생존 등 다양한 활동을 제공하는 가상 세계입니다. 아이들은 자신만의 창작물을 만들거나 다른 사용자들과 함께 다양한 활동을 즐길 수 있습니다.

- Story Self

그림 동화에 아이의 얼굴을 사진 찍어 넣어 아이가 동화의 주인공이 될 수 있고, 직접 이야기를 녹음해 동화를 만들 수도 있습니다.

- Story Builder

아이들이 실제 사진과 목소리를 사용하여 자기만의 스토리를 만들 수 있습니다.

- Naver QR

네이버의 QR 코드를 이용해 영상이나 초대장 등을 만들어 공유할 수 있습니다.

디지털 기기 사용 규칙을 정해요

디지털 기기를 놀이에 활용하기에 앞서 아이와 지켜야 하는 규칙에 관해 이야기를 나누고 약속판을 만들어보는 놀이입니다.

> **추천 연령**
> 만 4~6세

○준비물 종이, 연필, 색연필

◇ 놀이를 하기 전에

부모의 지도하에 디지털 기기를 사용해 좋아하는 영상을 보거나 필요한 자료를 함께 찾아봅니다. 어떤 목적이든 아이가 디지털 기기를 사용한다면, 어떻게 사용하는 것이 좋을지에 관한 이야기를 나눠보는 시간이 필요합니다.

◇ 놀이 방법

❶ 평소 디지털 기기를 사용하면서 지키고 있는 규칙에 관해 이야기를 나눠봅니다.

"○○가 노트북으로 영상을 볼 때 어떤 약속을 지켜야 하는지 알고 있어?"
"그래, 잘 알고 있구나. 아무거나 보는 게 아니라 약속한 것만 보기로 했지."

❷ 디지털 기기를 사용할 때 지켜야 할 약속을 정해봅니다. 약속을 잘 보이는 곳에 붙여두고 지킬 수 있게 약속판을 만듭니다. 규칙을 잘 알아도 지키기 어려운 순간들이 많은데, 아이가 직접 만든 약속판을 보면 스스로의 감정을 조절하는 데 도움이 됩니다.

"○○랑 엄마 아빠가 함께 정한 약속을 여기에 같이 적어보자."
"첫 번째 약속, 영상은 엄마 아빠랑 같이 고른다. 두 번째 약속, 하루에 30분만 본다. 세 번째 약속, 더 보고 싶어도 약속 시간이 되면 끈다."

❸ 약속판을 보며 어떻게 하면 약속을 잘 지킬 수 있을지 계획합니다.

"약속판을 이쪽 벽에 붙여놓자. 앞으로는 약속을 더 잘 지킬 수 있겠지?"
"약속을 어기고 싶을 때마다 여기 와서 약속판을 읽어보자."

◇ 놀이를 하고 나서

아이가 약속을 잘 지켰다면 아이의 행동을 칭찬해주고, 새로운 약속이 생기면 약속판에 추가로 적어봅니다.

"○○가 약속판을 만들어서 벽에 붙여놓더니 정말 약속을 잘 지키네."
"더 필요하거나 새로운 약속이 생기면 여기에 추가해서 적어보자."

◇ 주의사항

아이와 약속을 정할 때 가장 주의해야 할 점은 어디까지 아이에게 선택권을 줘야 하는지에 대한 부분입니다. 아이의 생각을 반영하여 함께 약속을 정할 때 아이는 더 책임감을 느끼고 약속을 더 잘 지키기에 이 과정은 매우 중요합니다. 그러나 어떤 영상을 볼 것인지, 또 하루에 얼마나 볼 것인지에 대한 가이드는 부모가 정하는 것이며, 그 안에서 아이에게 선택권을 줘야 합니다. 예를 들어, 하루에 디지털 기기를 얼마나 사용할지를 정한다면, 부모가 먼저 하루 30분이라는 가이드를 정한 다음에 아이가 아침에 30분을 볼 것인지, 저녁에 30분을 볼 것인지를 선택하도록 하는 것입니다. 이런 식으로 부모의 가이드 아래 아이에게 선택권을 주어 함께 지켜야 할 약속을 정해보고, 그 약속을 지켜보는 경험이 필요합니다.

동화 만들기 놀이

나만의 이야기를 재미있게 만들어요

Story Self 앱을 활용해 동화의 주인공이 되어보기도 하고, 동화를 지어보기도 하는 놀이입니다. 사진을 촬영하면 동화 속에 아이 얼굴이 들어가 아이가 주인공이 되며, 기존대로 동화가 나오기도 하고 목소리를 녹음해 새로운 이야기를 만들 수도 있습니다. 이 놀이를 통해 아이는 디지털 미디어의 정보를 일방적으로 받아들이는 것을 넘어, 내 생각을 더해 새로운 결과물을 만들 수 있다는 것을 경험합니다.

○준비물 디지털 기기, Story Self 앱

✧ 놀이를 하기 전에

동화책을 보며 '내가 주인공이 된다면?'이라고 상상하는 놀이, 동화를 새로 짓는 놀이에 참여해봅니다.

"만약에 네가 피노키오라면 어떻게 했을 것 같아?"

"이 뒤에는 또 어떤 이야기가 나올 것 같아?" (뒷이야기 짓기)

"이 부분의 이야기를 바꿔보면 어떨까? 피노키오가 고래한테 잡아먹히지 않았다면 어떻게 되었을까?" (새로운 이야기 만들기)

◇ 놀이 방법

❶ 어떤 놀이를 할지 설명을 합니다. 설명이나 규칙에 대한 안내가 없으면 목적 없이 디지털 미디어를 사용하게 되고, 목적이 없기에 미디어를 무분별하게 사용할 가능성도 있습니다.

"우리가 어제 재밌게 봤던 동화 이상한 나라의 앨리스 기억나? 이 앱을 사용하면 앨리스 대신 ○○랑 엄마(아빠)가 주인공이 될 수 있대. 그리고 ○○가 뒷이야기를 지어볼 수도 있어."

❷ 앱에서 만들고 싶은 동화를 선택합니다. 무료로 사용할 수 있는 동화는 2~3편이며, 나머지는 유료로 이용할 수 있습니다.

"어떤 동화를 만들어볼까? ○○가 만들고 싶은 동화를 골라볼까?"
"주인공을 하고 싶은 동화를 골라도 되고, 이야기를 만들어보고 싶은 동화를 골라도 좋아."

❸ 선택한 동화의 등장인물을 정합니다. 아이, 엄마, 아빠 역할을 나눠 사진을 찍어도 좋습니다. 촬영한 사진을 이용해 등장인물을 만들어봅니다.

"이 동화에는 누가 나오는지 알아? ○○는 누구 하고 싶어?"
"그럼 ○○ 사진을 찍어서 앨리스 얼굴 안에 넣어볼까?"

❹ 동화를 재생시킨 다음, 원래 이야기 대신에 목소리를 녹음하여 새로운 이야기를 만들어봅니다. 엄마 아빠와 번갈아가면서 새로운 이야기를 지어도 좋습니다.

"토끼가 어디론가 급하게 가고 있어. 토끼는 지금 어디로 가는 걸까?"
"○○가 이 그림과 관련된 새로운 이야기를 말하면 엄마(아빠)가 녹음할게."

❺ 새롭게 만든 동화를 들어봅니다.

"○○ 앨리스가 목소리까지 녹음한 동화를 이제 처음부터 들어볼까?"
"○○가 나오는 동화라니 너무 재미있다. 우리가 만든 이야기라서 더 그런 것 같아."

❻ 앱을 활용해 동화를 만들어본 일이 어떤 의미가 있는지 이야기를 나눠 봅니다.

"앱에 들어 있는 이야기에 ○○ 생각을 추가해보니까 어땠어?"
"무조건 맞다고 생각하고 받아들이는 게 아니라, 거기에 네 생각을 더할 수 있어야 디지털 기기를 제대로 사용하는 거란다."

◇ 놀이를 하고 나서

앱에서 만든 동화를 출력해서 직접 책으로 만들어봅니다. 아이는 내 얼굴이 나오고, 내가 만든 이야기책이기에 더 관심을 가지고 참여할 가능성이 큽니다. 이러한 과정을 통해 아이는 디지털과 아날로그의 자연스러운 전환을 경험하고, 더 자유롭게 사고를 확장할 수 있습니다.

"○○ 앨리스가 나오는 동화를 엄마(아빠)가 출력해놨어. 이걸로 진짜 ○○가 주인공인 책을 만들 수 있겠는데?"
"제목을 뭐라고 할까? 글을 지은 사람에 ○○ 이름도 적어야겠다."
"집에 오는 손님들도 보라고 ○○가 만든 책을 여기 잘 보이는 곳에 꽂아둬야겠다."

디지털 기기를 사용해 사진을 찍고 목소리를 녹음하는 과정에서 아이에게 나의 사진과 목소리를 소중히 생각하고 관리해야 한다는 사실을 반드시 알려줘야 합니다. 내 사진뿐만 아니라 다른 사람의 사진도 함부로 사용하지 않도록, 다른 사람의 사진을 사용하고 싶다면 그 사람의 허락을 받아야 한다는 사실도 알려줘야 합니다. 어린아이들이 개인 정보의 노출로 인해 피해를 보는 경우도 새로운 문제로 대두되고 있기에, 내 사진을 아무렇게나 찍고 남겨두지 않는 것, 그리고 다른 사람의 사진도 함부로 사용하면 안 된다는 것을 정확히 알려주는 과정이 꼭 필요합니다.

"내 얼굴이나 몸 사진은 나처럼 소중하기 때문에 아무나 찍게 하면 안 돼. 그리고 아무 기계에나 사진을 남겨놓으면 안 된단다. 내 사진도 나처럼 소중하게 지켜야 해."

"다른 사람의 사진도 마찬가지야. 다른 사람의 몸을 함부로 만지지 않는 것처럼 다른 사람의 사진도 함부로 사용하면 안 되는 거야. 다른 사람의 사진을 사용하려면 항상 그 사람에게 허락을 받아야 해."

미술관 감상 놀이

전 세계 미술관을 방문해요

Google Arts & Culture 앱은 전 세계 80개국 2,000곳 이상의 문화 기관을 둘러볼 수 있는 앱으로, 유명 작품에 내 얼굴 넣어보기, 가상 갤러리 감상하기 등의 놀이를 할 수 있습니다. 실제 미술관이나 박물관에 있는 유명 작가들의 작품을 감상하며 시간과 공간의 경계를 뛰어넘는 경험을 할 수 있는 놀이입니다.

○준비물 디지털 기기, Google Arts & Culture 앱

◇ 놀이를 하기 전에

아이와 가까운 미술관이나 박물관에 가서 전시 작품을 감상해봅니다. 작가들이 어떻게 작품을 만들게 되었는지, 왜 전시를 해서 사람들이 다 같이 볼 수 있게 한 것인지 등 작품을 바라보는 시선과 태도를 경험하게 합

니다. 미술관이나 박물관에 직접 가지 못한다면 명화가 들어간 그림이나 포스터 등을 활용해 작품을 감상해봐도 좋습니다.

◇ 놀이 방법

❶ 앱에 대해 설명한 다음에 어떻게 활용할 것인지 이야기를 나눠봅니다. 앱을 사용하기에 앞서 설명을 듣고 이야기를 나눈다면 아이는 좀 더 구체적인 생각을 하면서 앞으로의 놀이를 예측하고 계획할 수 있습니다.

"이 앱이 전 세계에 있는 유명한 미술관이나 박물관에 우리를 데려다줄 거야. 카메라를 보면서 따라가는 것처럼 말이야."
"어느 나라에 가서 어떤 그림을 볼 수 있을지, 너무 기대되지 않아?"

❷ 보고 싶은 작품이 있거나 가고 싶은 나라에 박물관과 미술관이 있는지 찾아보고, 둘러보고 싶은 곳을 선택합니다.

"엄마(아빠)는 고흐의 작품을 보고 싶은데, ○○도 보고 싶은 그림이 있어?"
"○○는 꽃을 그린 작품이 보고 싶구나. 좋아, 그럼 우리 그림을 찾으러 출발하자."

❸ 미술관(박물관)에 들어가 작품을 감상합니다. 작품을 감상할 때는 작가, 작품명 등의 정보를 알려주며, 어떤 그림을 그린 것인지 예측할 수 있도록 질문을 해도 좋습니다.

"엄마(아빠)가 좋아하는 고흐의 작품을 찾았어. 이 박물관에 있었네."
"이건 무엇을 표현한 그림일까?"

❹ 유명한 작품에 내 얼굴을 넣어보는 아트 필터Art Filter를 이용해봅니다. 앱 내에서 내 사진을 사용할 경우 주의사항에 관해서도 이야기를 나눠

봅니다.

"피카소 작품에 ○○ 얼굴이 들어갔네. 마치 ○○가 정말로 멋진 작품이 된 것 같아."

"앱에서 내 사진을 사용할 때 어떻게 해야 한다고 했었는지 기억나? 아무 데나 내 사진을 올리거나 남겨놓으면 안 된다고 했었지. 내 사진도 내 몸처럼 소중한 거야."

◇ 놀이를 하고 나서

미술관(박물관)에서 그림을 감상한 다음에 아이도 실제 캔버스에 그림을 그려봅니다. 캔버스를 구입할 때는 '무지 캔버스'라고 검색해 20×30cm, 30×40cm, 40×40cm, 50×50cm 사이즈 중 하나를 선택하면 됩니다. 이때 B급 캔버스를 파는 곳도 있으니, 놀이용으로 저렴하게 사용할 예정이라면 B급 캔버스도 괜찮습니다. 이렇게 디지털 공간에서 본 것을 실제 현실에서 표현해보는 과정은 가상과 현실의 연결을 도와 무궁무진한 상상의 세계로 뻗어 나갈 수 있도록 도와줍니다.

"그림을 다 보고 나니까 혹시 ○○도 그림을 그려보고 싶지 않아?"

"진짜 화가처럼 그려보라고 이렇게 커다란 캔버스를 준비했어. 미술관(박물관)에 전시된 작품처럼 ○○도 여기에 그림을 그려서 전시해보자."

◇ 주의사항

가상 세계의 공간을 많이 경험한 아이들은 간혹 현실과 가상 세계를 구분하지 못하기도 합니다. 내가 상상했던 것인지, 실제로 경험한 것인지를 혼돈해 마치 가상 세계에 있는 것처럼 행동하기도 합니다. 두 공간의 연결을 경험하는 일은 풍부한 상상력을 자극하고, 경험해보지 못한 공간을 실제로 경험하는 것처럼 느낄 수 있다는 장점이 있습니다. 그러나 가상과 현실을 구분하지 못하고 현실인데 가상 공간에서 하듯이 행동하거나, 계속 가상 공간에서 빠져나오지 못한다면 현실과 가상 세계에는 분명한 차이가 있다는 사실을 명확하게 이야기해줘야 합니다. 그래야 디지털 미디어에 대한 과몰입이나 중독을 예방할 수 있습니다.

"○○야, 계속 미술관(박물관)에 있는 것 같아? 우리 이제 집으로 돌아왔어."

QR 코드 놀이

우리 마트에 어서 오세요

QR 코드를 활용하는 놀이입니다. 역할 놀이를 준비하면서 초대장, 전단지, 메뉴판 등을 만들 때 QR 코드를 활용합니다. 놀이를 통해 QR 코드를 이해할 수 있으며, 디지털 미디어를 활용함으로써 일을 더 쉽게 처리할 수 있음을 경험합니다.

우리 주스가게 메뉴판

○준비물 디지털 기기, 네이버 앱

◇ 놀이를 하기 전에

식당에서 팔 음식이나 마트에서 팔 상품을 준비하는 등 물건을 파는 놀이를 좋아한다면 아이가 스스로 반복적으로 참여할 충분한 시간을 주는

294

것이 좋습니다. 아이가 음식 모형으로 마트 놀이를 한다면 그 수준에서 충분히 반복하도록 기다려줘야 합니다. 음식 모형으로 사고파는 놀이가 더는 재미없어졌을 때, 새로운 아이디어를 더하기 위해 놀이에 QR 코드 활용을 제안해봅니다.

◇ 놀이 방법

❶ 아이에게 QR 코드가 무엇인지 설명합니다. 일상생활에서 쓰이는 QR 코드를 보여주며 어떻게 활용되는지 알려주거나, 예전 경험을 떠올리도록 이야기해봅니다.

"혹시 이런 모양 본 적 있어? QR 코드라고 하는데 우리도 이걸 직접 만들 수 있단다."
"QR 코드 어디에서 봤는지 기억나? 얼마 전 식당에 갔을 때 메뉴판에 있는 QR 코드를 스캔해서 메뉴를 본 적도 있고, 또 지난번에 미술관에서는 작품 옆에 QR 코드를 스캔해서 작품 설명을 보기도 했었잖아."

❷ 마트 놀이에 QR 코드를 활용할 방법을 아이와 함께 생각해봅니다.

"우리도 QR 코드를 마트 놀이에 활용해보면 어떨까? 마트에서 무엇을 파는지 QR 코드 안에 넣어놓으면 어때?"
"○○ 생각도 참 좋다. 마트에 물건을 사러 오라고 초대장을 만들어서 QR 코드에 넣어보자."

❸ 아이와 함께 QR 코드를 만들어봅니다. 손님들에게 보여주고 싶은 내용을 영상으로 찍어 QR 코드를 만들어서 출력해 준비합니다. (네이버 QR 코드 생성을 활용하면 URL 링크, 초대장, 메뉴판, 쿠폰 등 원하는 내용을 넣어 QR 코드를 쉽게 만들 수 있습니다.)

"마트에 들어오기 전에 어떤 물건을 파는지 볼 수 있도록 문 앞에 QR 코드를 붙여놓을까?"

"○○ 말대로 전단지를 만들어 초대장처럼 보내도 되겠다. 그럼 그것만 봐도 우리 마트에서 무엇을 파는지, 몇 시에 문을 여는지를 다 알 수 있겠네."

❹ 마트 놀이를 할 준비를 마쳤다면 역할을 맡아 놀이를 합니다. 일상에서 아이들이 주로 하는 놀이에 디지털 기기의 활용을 결합한 디지털 놀이는 평소 경험하던 놀이를 더 확장해주고, 더 창의적인 방법으로 진행할 수 있게 해줍니다.

"이제 준비가 다 된 것 같은데? 그럼 손님들을 오라고 하자."

"안녕하세요. 여기 보이는 QR 코드를 스캔하면 저희 마트에서 무엇을 파는지, 언제 문을 여는지 알 수 있어요."

◇ 놀이를 하고 나서

무료 디자인 플랫폼(미리캔버스, 캔바 등)을 이용하여 마트 놀이에 필요한 간판이나 메뉴판 등을 직접 만들어봅니다. 이미 만들어진 디자인을 활용해 글자만 써서 넣어도 아이가 만족할 만한 결과물을 얻을 수 있습니다. 많은 양의 디자인이 있기에 놀이에 활용할 만한 것을 몇 가지 추려서 보여주면 좋습니다. 이 과정을 통해 아이는 직접 글을 쓰고 그림을 그리지 않아도 다양한 디자인을 이용해 표현할 수 있다는 효율성을 경험합니다.

"이번에는 마트에서 필요한 것을 컴퓨터 프로그램으로 같이 만들어보려고 하는데 어떤 걸 만들면 좋을까?"

"이 프로그램은 다양한 디자인이 있어서 쉽게 원하는 것을 만들 수 있어."

"간판을 한번 만들어볼까? 여기에 마트 이름을 적으면 간판이 될 거야."

"우리 마트가 점점 더 근사해지고 있어. 더 필요한 것은 없을까?"

놀이에 핸드폰이나 태블릿 등 디지털 기기를 활용하다 보면, 놀이보다는 기기에 집중하게 되는 경우가 있습니다. 디지털 기기를 단순히 들고 다니거나, QR 코드를 스캔하는 행동만 반복하거나, 앱이나 프로그램을 오랫동안 사용하고 싶어 하는 등의 모습을 보일 수 있습니다. 따라서 놀이를 하기 전에 "태블릿은 여기에 올려두고 QR 코드를 스캔할 때만 사용하자", "컴퓨터 프로그램은 메뉴판을 만들 때만 쓰고 다시 마트 놀이 준비를 하자"와 같이 디지털 기기의 활용 목적을 분명하게 이야기하고, 놀이에 더 집중할 수 있도록 도와주는 과정이 필요합니다. 이때 "그만해"라는 말로 아이의 행동을 제지하기보다는 "자, 손님. 이제 태블릿은 거기 위에 올려두시고 마트로 들어오세요. 들어오시면 물건을 직접 보실 수 있어요", "사장님, 이제 출력한 것을 마트에 붙여놔야 할 것 같아요. 곧 손님이 오실 시간이에요"라는 말로 아이가 놀이에 집중하도록 이야기를 해주는 것이 좋습니다.

내가 그린 그림이 움직여요

앱을 사용하여 내가 그린 그림을 움직여보는 놀이입니다. 내가 그린 그림의 움직임을
보고 배경이나 이야기를 상상해 창의성을 키울 수 있으며, 그림 그리기에 더 관심을
가지도록 도와줍니다. 아이는 이 놀이를 통해 1차원의 그림을 2차원과 3차원의 세계
에서 구현해보면서 상상이 현실이 되는 경험을 할 수 있습니다.

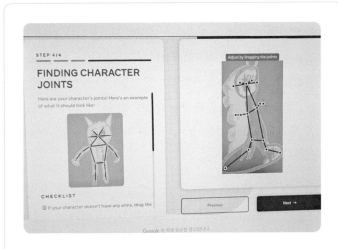

○ **준비물** 디지털 기기, Animated Drawings 또는 Animation Maker 앱

◇ 놀이를 하기 전에

아이가 그림 그리기에 관심을 보이도록 스케치북과 색연필 등을 잘 보
이는 곳에 두고 자유롭게 그림을 그리도록 유도합니다. 아이가 그림을
그렸을 때 어떤 그림을 그렸는지 언어적으로 표현해주면 자기 그림에

더 관심을 가지고 참여할 수 있습니다.

"○○가 동그란 얼굴을 그렸네."
"네모 모양에 동그라미를 2개 그린 걸 보니 자동차가 생각나는데?"

◇ 놀이 방법

❶ 아이가 그린 그림을 움직여보면 어떨지, 어떻게 하면 움직이게 할 수 있
을지에 대해 함께 생각하고 이야기를 나눠봅니다.

"○○가 그린 이 고양이 그림은 꼭 움직일 것만 같은데?"
"○○가 그린 이 사람 그림을 진짜 움직이게 할 수는 없을까?"

❷ Animated Drawings 혹은 Animation Maker 앱을 이용하여 아이가 그린
그림을 넣고 모션을 선택해 그림을 움직이도록 합니다.

"○○ 그림을 사진으로 찍어보자. 사진을 여기에 올리면 이 화면 속으로 들
어오네."
"그림의 어느 부분을 움직이게 하고 싶은지 정하면 돼. 어디가 움직이면 좋
겠어?" (움직임이 생기도록 관절에 표시를 해야 하는데, 이 과정은 부모가 도와주는
것이 좋습니다.)

❸ 움직이는 그림에 원하는 배경을 추가할 수 있습니다. 아이가 그린 그림
의 배경이 어떤지 생각해보도록 이야기를 나눠봅니다.

"네가 그린 사람 그림이 바다에서 움직이면 좋겠어? 그럼 우리가 바다 사진
을 찾아서 넣어보자!"
"바다 사진을 배경으로 넣으니까 사람이 바다 위에서 막 뛰는 것처럼 보여."

❹ 이야기를 만들어 글자로 적거나 녹음을 합니다. 내가 상상한 이야기를 글이나 목소리로 기록한다면 언제든 다시 꺼내어 기억해볼 수 있습니다.

"사람이 바다에 가서 너무 신이 나 춤을 추고 있는 이야기구나."
"그 이야기를 여기에 써줄게. 그럼 나중에도 어떤 내용인지 기억할 수 있을 거야."

◇ 놀이를 하고 나서

아이가 그린 그림으로 만든 영상을 저장하고 QR 코드로 만들어 언제든 볼 수 있도록 벽에 게시합니다. 또 다른 등장인물을 그림으로 그려 이야기를 더 연결할 수도 있습니다. 이를 통해 아날로그를 디지털로 만들고, 이것을 또다시 아날로그화함으로써(출력해서 전시) 상상을 현실로 구현하고 오랫동안 기억하도록 기록하는 과정을 반복합니다. 즉, 사고의 확장과 저장을 경험할 수 있습니다.

"○○ 그림으로 만든 이야기가 너무 재미있어. 마트 놀이할 때 QR 코드를 만들었던 것처럼 이 영상도 QR 코드로 만들어서 벽에 붙여볼까?"
"이야기의 제목은 뭐라고 할까? 제목도 지어보면 좋을 것 같아."
"바다에 가서 누군가를 만난 이야기라면, 누구를 만났는지 그 사람도 그림으로 그려보면 좋을 것 같아. 그래서 그 사람도 움직이게 만들어볼까?"

◇ 주의사항

아이가 그린 그림의 수준에 따라 적절하게 움직임을 만들어주는 것이 좋습니다. 만 3세 아이는 사람이나 동물의 형체를 그리기가 어려워 선이나 동그라미 정도로만 표현할 수도 있습니다. 그렇다면 선이나 동그라미를 움직이게 하면 됩니다. 아이의 수준보다 더 높은 것을 요구하며 "얼굴을 그려봐", "눈도 그려야지"와 같이 지시를 한다면 아이는 흥미를 느끼기가 어려울 것입니다. 선이 꿈틀꿈틀 움직이거나 공이 통통 튀는 모습을 담은 영상을 만들 수 있으며, 집 안처럼 아이에게 익숙한 장면을 배경으로 추가하는 것이 이야기를 만들어내기에는 더 좋습니다.

디지털 기기를 활용해 멋진 결과를 만들어내는 것이 놀이의 목표가 되어서는 안 됩니다. 아이의 생각에 움직임을 불어넣고, 그 움직임으로 인해 다시 이야기를 지어보고, 그 이야기를 오래 간직하기 위해 다시 디지털 기기를 활용하는 과정을 누군가의 일방적인 지시가 아닌, 아이의 흥미에 따라 자연스럽게 연결되도록 하는 것이 디지털 놀이에서 가장 중시되어야 하는 점입니다.

Q. 디지털 미디어로 교육적 효과를 보고 싶은데, 최대한 늦게 노출하는 것이 좋다고 하니 어떻게 도와줘야 할까요?

교육적 효과 vs 노출 시작 시기. 많은 부모님이 디지털 기기의 사용에 대해 고민하는 부분입니다. 요즘 아이들의 삶에서 디지털 기기를 떼어낼 수는 없지만, 이것을 사용하면서 디지털 미디어 중독과 같은 부작용을 걱정하지 않을 수 없기 때문입니다. 그래서 가장 중요한 것이 '디지털 미디어를 어떻게 조절하며 사용하느냐?'인데, 유아 시기 아이들은 스스로 문제를 인지하고 조절하는 능력이 부족하기에 성인의 지속적인 관심과 지도가 필수적입니다. 아이가 원하는 것을 모두 허용하지 말고, 부모가 디지털 미디어의 종류와 사용 시간을 관리하는 모습을 보여주는 것부터가 미디어 조절력 발달의 시작이라고 할 수 있습니다.

영상이나 교육용 프로그램 등 디지털 미디어를 활용해 교육적인 효과를 보고 싶다면 아이 혼자 시청하거나 사용하게 두지 말고 부모가 꼭 함께 참여해서 그 내용을 잘 알고 있어야 합니다. 함께 보거나 경험한 내용을 일상이나 놀이 상황에서 잘 활용할 때 아이에게 의미가 있습니다. 예를 들어 수나 영어와 관련된 영상을 함께 봤다면 보는 것을 넘어 그 내용을 일상에 적용해야 합니다. 영상에 '2+2=4'의 개념이 들어 있었다면, "딸기 맛 2개랑 사과 맛 2개, 이렇게 더해서 총 4개 만들어주세요"와 같은 식으로 아이가 좋아하는 소꿉놀이에서 활용해야 아이에게 의미가 생기고 직접 경험했기에 더 오랫동안 기억할 수 있습니다.

디지털 미디어 노출 시기는 앞에서 제시한 연령별 가이드라인을 최대한 따를 것을 권장합니다. 이미 가이드라인에 맞춰 노출하고 있다면 부모가 함께 보면서 일상과 놀이 상황에서 잘 적용하는 것이 적절하게 활용하는 방법입니다.

변화에 강한 아이는
놀이 지능이 다릅니다

초판 1쇄 발행 2024년 4월 30일

지은이	장서연
펴낸이	권미경
기획편집	최유진
마케팅	심지훈, 강소연, 김재이
디자인	어나더페이퍼

펴낸곳	㈜웨일북
출판등록	2015년 10월 12일 제2015-000316호
주소	서울시 마포구 토정로 47 서일빌딩 701호
전화	02-322-7187
팩스	02-337-8187
메일	sea@whalebook.co.kr
인스타그램	instagram.com/whalebooks

소중한 원고를 보내주세요.
좋은 저자에게서 좋은 책이 나온다는 믿음으로, 항상 진심을 다해 구하겠습니다.